世界早期电影摄影技术研究

李瑞◎著

中国民族文化出版社

北　京

图书在版编目（CIP）数据

世界早期电影摄影技术研究 / 李瑞著． 一 北京 ：
中国民族文化出版社有限公司，2023.8（2025.6重印）
ISBN 978-7-5122-1692-1

Ⅰ．①世… Ⅱ．①李… Ⅲ．①电影摄影技术－研究
Ⅳ．① TB878

中国国家版本馆CIP数据核字（2023）第 126177 号

世界早期电影摄影技术研究
SHIJIE ZAOQI DIANYING SHEYING JISHU YANJIU

作　者	李　瑞
策划编辑	江　泉
责任编辑	赵卫平
责任校对	张　宇
装帧设计	文　道
出 版 者	中国民族文化出版社　地址：北京市东城区和平里北街 14 号
	邮编：100013　联系电话：010-84250639　64211754（传真）
印　装	三河市同力彩印有限公司
开　本	889 mm×1194 mm　　32 开
印　张	5.5
字　数	153 千字
版　次	2024 年 5 月第 1 版
印　次	2025 年 6 月第 2 次印刷
标准书号	ISBN 978-7-5122-1692-1
定　价	38.00 元

目　录

绪　论 ……………………………………………………………… 001

第一节　研究重点和研究方法 …………………………………… 001

第二节　技术研究的国内文化背景 ……………………………… 005

第三节　研究现状和研究意义 …………………………………… 007

第四节　创新性：一种电影影像研究新思路的可能性 ………… 012

第五节　电影技术研究的困难 …………………………………… 016

本章参考文献 …………………………………………………… 019

第一章　技术机制：技术作为基础 ……………………………… 021

第一节　艺术与技术 ……………………………………………… 021

第二节　电影与技术 ……………………………………………… 031

第三节　技术与影像 ……………………………………………… 037

本章参考文献 …………………………………………………… 052

第二章 技术与规范：电影技术标准化 …………… 055

第一节 工业规范：电影技术标准化 …………… 055

第二节 材料技术的标准化 …………… 057

本章参考文献 …………… 074

第三章 日光时代：电影先驱的影像实验 …………… 075

第一节 摄影感光材料技术 …………… 075

第二节 先驱者的光线利用 …………… 083

本章参考文献 …………… 098

第四章 全黑摄影棚：非黑即白与多层次的灰 …………… 101

第一节 共存：正色片与全色片 …………… 102

第二节 技术：精确控制 …………… 106

第三节 影像特征：多层次的灰 …………… 111

第四节 非黑即白：以德国表现主义电影影像为例 …………… 119

本章参考文献 …………… 123

第五章 从棚内到实景：雕琢与自然 …………… 125

第一节 摄影物质材料技术 …………… 125

第二节 电影影像特征 …………… 127

本章参考文献 …………… 136

第六章 染印法：银幕万花筒 ·············· 137

第一节 染印法色彩技术 ·················· 137

第二节 染印法色彩技术的多重语境 ········ 151

本章参考文献 ························· 158

后 记 ··································· 160

本书参考文献 ························· 162

绪　论

第一节　研究重点和研究方法

一、研究重点

　　本书的研究重点是电影影像生成的技术机制，即电影影像是在怎样的技术基础之上完成的。当然，我们不能否认电影影像的生成是一个综合的、历史的和互动的过程，其中既有艺术家的创造性因素，也有工业环境的要求，还有市场的风向以及观众的趣味等因素。但是，作为一门建立在现代科学技术基础之上的视听艺术，技术的每一次变革都对电影艺术的发展起到至关重要的作用，一些重要的技术变革对电影的影响甚至成为电影史的标志。总之，对于电影技术作用和地位的强调已经成为学术界的共识。

　　不过，本书的核心集中在从具体的技术细节入手论述技术对电影影像的基础性作用，主要从技术的变迁对电影影像的影响的角度展开论述。反过来说，虽然不能说运用目前先进技术拍摄的电影在影像上一定比过去的电影美学价值高，但是，作为研究者，我们有必要论证：电影史上电影的不同影像特征，其产生的技术基础是什么，即某种影像风格的产生，其技术原因是什么。本书同时也会论述影像产生的其他原因，包括政治的、经济的、文化的等等，论述重点是技术机制。

　　确定了论述目标之后，还要确保研究的可行性，如果研究过于宽泛，可能使得研究面过大而不深入，同时还要考虑到国内相关领域的研究现状，避免重复研究；所以，本书研究内容的时间范围以第二次世界大战结束（1945）之前的历史时期为主。

本书研究的范围之所以集中于这一历史时期，除了上述现实原因，还有一个重要的原因：在电影影像本体的意义上，"二战"之前的电影影像的语言探索已经基本完成，当然，之后的影像创作也从未停止丰富和发展已经完成的影像语言；电影影像从黑白到彩色，这其中有极其复杂丰富的历史细节，技术因素在影像创作的背后具体起到什么样的作用，也是本书要一步步解开的、被历史资料覆盖的技术秘密。

以上是本书研究内容的时间限定，在空间上，主要限定在"二战"结束之前的欧洲和美国电影领域。不可否认的是，作为现代科学技术的产物，电影对中国文化来说无疑是一个舶来品。虽然古代中国就有和电影影像生成原理相通的观念，比如墨子的理论（"小孔成像"），以及类似电影制作雏形的实物，比如中国的皮影；但是真正记录、制作并放映运动影像，只有依赖现代科技才能够完成，同时还需要都市文化之类的人文因素的支撑。这也解释了为什么早期电影发达国家都是工业革命的先行者，都是现代科技发达国家。

二、研究方法

（一）历史的方法

本书从理论和历史两个层面展开研究。在现代的电影研究语境中，研究者对于"哪些因素影响电影的发展"已经具备了大量的共识，这些因素无非涉及技术、社会、美学、经济等。每一个研究的进步都需要前人的积累，没有积累，就没有进步。但是，本书并没有严格按照历史的线性逻辑展开研究，因为电影技术对影像的影响并不是线性的，通俗地说，不是严格按照"登阶梯"那样，也不是如同"翻书"那样进行的，而是不同的电影技术共存于电影的历史之中。如果我们不能看到电影技术在电影史上的非线性特点，那么就很难历史地看待电影技术。所以，本书没有严格地按照时间的先后顺序建构体系，而是侧重于从不同的摄影技术入手，论述其对电影影像的影响，当然也没有刻意回避历史发展节点间的衔接。

（二）影像生成的技术原因

不再重点强调电影技术的结果，而是重点强调电影影像风格的原因。所谓"电影技术的结果"就是我们看到的电影效果（包括影像效果），现在一些电影影像研究的学术成果大致属于"电影技术的结果"的研究思路，我们熟知的电影风格研究（film style study）就是其一。电影的风格研究自有其宝贵的价值，然而，为了能在既有研究的基础上前进，能站在前人的肩膀上登上更高的研究层面，必须继续前行。对于某个电影风格是如何获得的，比如，为什么20世纪30年代的电影光线风格（大量的逆光、高对比度等）在21世纪无法（当然也不必）实现。在电影影像的技术研究中，我们尚缺乏"电影风格为什么"的思考。

20世纪80年代，美国著名的电影技术史学家雷蒙德·菲尔丁（Raymond Fielding）对如何研究电影技术提出了新的思路，他在自己担任主编的《电影电视技术史著作集》的前言中写道："这个文集的目的是为了给大家呈现一个关于技术的历史视野。这个研究视野忽略电影和电视制作的目的，而是重视结果如何获得。"[1] 显然，此处的"如何获得"就是电影影像的技术机制，即如何借助技术手段形成影像风格。

（三）强调工具的作用

为了更好地说明本书的研究方法，在此不妨表述得极端一些——不是艺术家创造风格，而是风格创造艺术家；不是艺术家选择工具，而是工具选择艺术家。唯物主义者对这个观点或许并不排斥，但是，具体到电影研究上，我们有时习惯性地过于强调艺术家的个人灵感，忽视技术对艺术家的制约。在电影摄影的创作中，我们常常会遇到这种"想法大于做法"的情况，摄影师有时会提示导演——您要的效果拍不出来。当然，我们不能否定艺术家的创造性，但是，优秀的艺术家之所以优于他人，正是由于承认并创造性地利用了工具的特性，从而开创个人风格。

对于电影技术和电影艺术风格之间的关系，雷蒙德·菲尔丁指出：有些电影史家有一种幻想——好像在电影技术出现之前，电影艺术家已经把艺术的发展规划好了；其实不然，电影风格的发展，内在地根植于技术的发展，就好像传统艺术那样（绘画风格的发展和颜料、纸张的关系，交响乐和演奏器材的关系，等等）[1]，更重要的是电影对技术（包括机械、器材等摄影材料）的依赖程度远远大于其他艺术形式对技术的依赖程度。在一定的历史阶段，电影的某个具有历史意义的风格正是源于某个电影技术的发明。例如，埃德温·S. 波特（Edwin S. Porter）、大卫·W. 格里菲斯（David W. Griffith）等电影先驱所使用的改良的摄影机以及较好的感光乳剂，和他们的个人视觉才华同样重要；同样，"法国新浪潮运动""真实电影运动"等重要的电影美学思潮，和摄影机的小型化、高感光度的胶片、改良的声音录制技术息息相关。

总之，为了更好地理解电影这门艺术，必须认识到"电影是艺术和科技的联姻"这一现实。电影和其他艺术不同的是，从来没有一门传统艺术像电影这样和技术结合得如此紧密。从电影的产生发展及未来的趋势、电影创作部门的划分，到观众的观看方式，以及电影呈现的方式（影像和声音的呈现介质），皆是依靠电影技术才得以实现的，并随着技术的变革而变化。不同的技术手段，包括不同的感光材料、摄录器材、后期手段、放映手段，对电影风格产生了显著的影响。电影技术人员的工作就是革新旧的工具，电影艺术家的工作就是寻找能更好地表达自己艺术观念的技术和手段。电影史正是在技术的推动下历经无声时代、有声时代、彩色时代、数字时代的发展，可以说技术的力量是电影发展的主导力量。同时，电影的发展又和经济因素有极大的关系，然而，技术的发展与制作成本之间、观众趣味与市场回报之间都存在互动关系；所以，说到底，影响经济因素的往往也是技术问题。

第二节　技术研究的国内文化背景

由于中国特有的文化语境，"技术研究的国内文化背景"这一主题单独成节。中国历史悠久，文化传统十分深厚，但在科学技术思想方面却相对薄弱，详细论述科学技术的历史文献并不多。在不多的文献中，《淮南子》一书是论述中国科学技术成果的珍贵文献，它总结了秦汉时期的科技思想与科技成就，被誉为"一部百科全书式的巨著"[2]。《淮南子》论述了"道""技"和"器"的关系，关于技术和文化的某些观点至今仍有启发意义；但如果用当今的研究思维辨析，不难发现，《淮南子》的技术思想以"重道轻技"为主。

《淮南子》认为，"道"是"技"的最高层面和境界，因此要"以道御技"。"夫释大道而任小数，无以异于使蟹捕鼠，蟾蜍捕蚤……故体道者逸而不穷，任数者劳而无功"[3]，意思是：只有高超的技术，没有"道"的领悟，无论多么辛苦都是没用的，只有"道"才是无穷无尽的更高的境界。其中的"数"和"小数"均指"技巧"。虽然《淮南子》也强调应重视技术，但是在其思想体系中，对"数"的重视是在"重技轻器"思想体系下的重视；按照重要性排名的话，"技"比"器"重要，但"道"才是最高境界。可以说，《淮南子》很明确地体现了一种"重道轻技"的价值取向，给中国传统文化中"道"和"技"的分野提供了强大的支持。同样，作为中国传统文化最重要的思想来源，儒家文化也具有明确的"重道轻技"思想。孔子说"君子不器"，意思是，作为君子，不应囿于一技之长，不应只求学到一两门或多门手艺，而应以"得道"为目标。孔子推崇"道"的同时也表露了对"技"的轻视。一些具有明显感情色彩的说法深入人心，流传至今，比如"雕虫小技"和"奇技淫巧"，以及将从事技术工作的人称为"匠人"。因此，人们会习惯性地轻视技术和技巧。国外一些研究中国传统文化的学者也认为，中国文化缺少对技术应有的重视。假如推荐一本国外研究中国科技思想的最有名的著作，恐怕非李约瑟的《中国科学技术史》莫属。李约瑟认为，道家的科技思想是中国古代科技思想的主要组成部分[4]。那么，道家的科技思想是什么？

　　谢清果在《先秦两汉道家科技思想研究》一书中归纳了道家科技思想的几个特点，即"重技轻器"扬人性、"朴散为器"须知止、"道进乎技"通养生、"道法自然"益生态。谢清果认为，这几个特点说明道家的科学技术观认为"科学技术的发展必须以人的发展为前提，必须以人的价值为评价标准"。请注意，谢清果的这一观点是一个结论性的观点，我们不能忽视支撑这个结论的每一个论据。正因为道家的科技思想包括"'重技轻器'扬人性"这一重要前提，所以，道家对科学技术的观念同样包括"重道轻技"的思想。既然李约瑟认为道家思想是中国科学和技术的根本思想来源，那么，"中国的科学技术思想是建立在'重道轻技'的文化土壤上的"这个观点，在理论上就讲得通了。到这里，读者可能会有一个疑问——中国古代的科学技术不是很发达吗？比如有"四大发明"，怎么会"重道轻技"呢？为了在一个更加全面的背景下研究，我们还是拿李约瑟的《中国科学技术史》为例。在这本书中，他提出了一个著名的"李约瑟难题"，即"中国古代的科学技术比西方发达，为什么在近代却落后于西方？"。这个世纪疑问流传甚广，尤其在中国。

　　中国古代的科学技术到底是什么样的状况？其实，在海内外的科技界，李约瑟所做研究的科学性一直备受质疑，他对中国科技研究的真诚度更是授人以柄[5]。黄仁宇在回忆录中比较完整地介绍了李约瑟在欧美学术界的处境。文中提到，威廉·富布赖特（William Fulbright）参议员曾撰文评论李约瑟，该文登在《美国历史评论》（*American Historical Review*）上。富布赖特在文中质疑李约瑟研究中国科技史采用"历史目的论"这一诠释方法的可行性[6]。我们还可以参考王汝发和韩文春共同撰写的《数学·哲学与科学技术发展》一书，该书具有较高的学术理性，其对"李约瑟难题"提出的思辨研究，颇具启发意义。该书作者认为，"李约瑟难题"的前提是"中国古代科学技术比西方发达"，然后才是"为什么工业革命没有在中国发生？"的世纪拷问，然而，这个拷问的问题在于——这个前提真的成立吗[7]？

　　近年，海内外科技界对"李约瑟难题"的研究越来越深入。郝书翠在《真伪之际》一书中指出，"李约瑟难题"存在两个软肋。第一个软肋是前提存在问题,中国古代的科学技术并不必然发达。不可否认,中国古代有"四大发明",但是这些可贵的技术主要是实用性技术。最重要的一点,中国古代"有技术,没科学",因为中国古代的技术大多缺乏一套严密的科学论证,也没有抽象化的理论论证。这是因为,在中国人看来,科学和技术从概念上就是混为一谈的(李约瑟本人的研究思路也是如此)。其实,"科学"和"技术"是两个不同的概念(后文有论,此处略)。"李约瑟难题"的第二个软肋,是即使"李约瑟难题"的前提成立,也不能认为工业革命就必然在中国发生[8]。因为社会处于变革中,兴衰自有原因。

虽然轻视技术的文化在中国学术研究中根深蒂固,但是对于这种文化的反思已经被越来越多的学者关注。美学家宗白华在《论文艺的空灵与充实》一文中说:"艺术是一种技术,古代艺术家本就是技术家(手工艺的大匠)。现代及将来的艺术也应该特重技术。然而他们的技术不只是服役人生(像工艺),而是表现着人生,流露着感情和个性的。"[9] 可见,宗白华先生已经把技术看作一种情感媒介。

第三节 研究现状和研究意义

一、研究现状

不同的研究方法形成不同的研究成果。电影研究既可从历史角度,也可从文化角度、本体角度、创作者角度等不同侧面着手。目前的电影研究呈现多样化的局面,在学术上有不同的研究流派。目前,世界范围内的电影研究可大致分为两种研究方法:一是以克里斯蒂安·梅茨(Christian Metz)为代表的宏大理论(grand theory)研究方法;二是以大卫·波德维尔(David Bordwell)为代表的新认知理论电影研究方法。前者从符号学、精神分析学、女性主义等角度分析电影的内在文化机制;后者通过具体的电影文本和电影材料研究电影的风格和形式,当然也包括电影的经济和文化因素。电影的研究方法就是一种研究工具,而工具本身没有优劣之分,所以无法判定二者高下。

在电影影像研究领域，目前可分为历史的研究、创作者研究、影像风格研究、影像技术研究等不同思路。在电影摄影影像研究领域，虽然目前国内的研究在数量上不多（相较于电影研究的其他领域），但在以下两方面已有较深入的研究，并取得了一定成果。

（一）电影摄影艺术方面的研究

这方面的研究历史最为悠久，成果也最为丰厚。例如，郑国恩先生对电影摄影艺术的研究，其专著有《电影摄影造型基础》《影视摄影技巧与构图》《影视摄影艺术赏析》《影视摄影构图学》等，其重要论文有《中国电影摄影艺术史略》。郑国恩先生的研究涉及电影摄影的造型、构图和风格历史等方面，于电影摄影艺术研究有极高的学术参考价值。例如，刘永泗先生的摄影艺术研究也成果卓著，其重要专著有《影视光线艺术》，该专著着重研究了影视光线的艺术特征和创作技巧，是一本重要的光线创作专著。此外，还有梁明教授的《影视摄影艺术学》，该著作主要从艺术学的角度论述了电影摄影创作的各个元素，既有宏阔的艺术学视野，也有宝贵的实践分享。当然，还有葛德、沈嵩生、鲍萧然等前辈的摄影艺术研究著作，在此不再详细列举。

（二）电影摄影技巧方面的研究

这方面的研究成果数量不多，但都具有相当高的参考价值，尤其在技术技巧层面。例如，张会军教授的《电影摄影画面创作》，该著作从电影摄影的每个具体元素出发，细致论述了具体元素的原理和技巧。例如，穆德远教授的《故事片电影摄影创作》，从摄影师面临的具体的技术问题出发，论述当代电影摄影的创作问题。例如，何清教授的《电影摄影照明技巧教程》和蔡全永教授的《电影照明器材与操作》，都是摄影师光线创作不可多得的参考书。在与本书研究对象相通的研究，即摄影技术和艺术之间的关系研究方面，相关专著有屠明非教授的《电影技术艺术互动史：影像真实感探索历程》。该专著从技术和艺术互动的角度，论述了真实感是技术的目的和要求，该书资料翔实，论述缜密。与本书关系密切的学术成果还有袁佳平的《电影照明灯具发展与摄影用光的互动》一文（《电影艺术》杂志2010年4期）和张燕菊的《影像变革：欧洲电影摄影1960—1980》。前者循着摄影照明灯具的变迁论述照明灯具对电影摄影用光的影响，角度颇具启发性。后者虽然主要论述欧洲电影摄影对美国电影摄影的影响，但采用的研究方法之一是把电影影像建立在电影的技术之上论述，所以颇具参考价值；并且该专著研究的时间和空间范围都和本书有一定的交叉，该著作的第二章《经典时期的电影摄影创作》论述了美国、意大利、苏联等国家的电影摄影创作情况，但关于影像风格的技术生成机制并不是其论述重点。

国内单纯论述电影摄影技术的学术成果非常多，如《电影技术百年：1895—1995纪念世界电影诞生一百周年中国电影九十周年技术文选》、屠明非的《曝光技术与技巧》《技术成就梦想：现代电影制作工艺探讨与实践》著作集等。这些专著主要讲述技术如何应用，对笔者的研究具有很大的借鉴价值，但缺乏一定的美学高度和历史视野。

与本研究课题相通的国外研究，是以波德维尔为代表的新认知理论电影研究和以巴里·索尔特（Barry Salt）为代表的风格统计学研究。如波德维尔的代表著作《经典好莱坞电影：1960年之前的电影风格和电影生产》（*The Classical Hollywood Cinema: Film Style and Mode of Production to 1960*）和《电影风格史研究》（*On the History of Film Style*），巴里·索尔特的著作《电影风格与技术：历史与分析》（*Film Style and Technology: History and Analysis*）。以上三部著作现在还没有中文译本。

更多的资料零星地存在于国内外众多的电影历史、电影摄影和电影技术的书刊和互联网中，比如波德维尔的《电影艺术：形式与风格》和《世界电影史》、巴里·基思·格兰特（Barry Keith Grant）编著的《电影大百科全书》（*Schirmer Encyclopedia of Film*）等，需要去搜集，整理，归纳，然后论证。

二、研究意义

本书主要研究对象是电影影像的技术生成机制，时空范围是 1945 年之前的欧美电影摄影。这一时间范围内的主要摄影技术如今大多已被淘汰。在数字化电影技术日益占据统治地位的今天，这种历史的、技术的和风格的研究，意义何在？

首先，不能否认，本书所研究的绝大部分电影技术已经被淘汰，如果今天的读者只是想从中获得数字电影技术的理论研究和技巧建议，恐怕会失望。但是，除了本章第二节《技术研究的国内文化背景》所论述的文化意义，本书研究的意义还有以下几点。

（一）国内电影研究的技术观误区

几乎每一个电影研究人员都承认"电影是现代科学技术的产物"，也几乎没人否认技术的重要意义；但是，这里面的"意义"重要到什么么层面，技术对于影像生成仅仅是中性的还是具有一定能动性以及能动性表现在哪些方面……这些问题，目前的研究还没有深入。这正是本书研究的缘起。

一般来说，技术只是一个工具，"谁在使用工具"才是更重要的。这个观点当然没有问题。但是，当我们采用不同的技术手段交流传播的时候，当我们使用不同的技术手段拍摄（哪怕是用手机自拍）的时候，是否体会到不同技术手段给我们带来了不一样的感受？其实，不同的感受往往是拍摄者所用工具的不同造成的。本书所做研究正是围绕这个主题进行的。

为什么一些研究者会轻视技术呢？除了第二节所述的"重道轻技"的文化传统，还有一些因素值得探究。我们的电影环境给电影技术带来了负面的影响，尤其是近 10 年来"大片潮"中的跟风之作，一些不成功的大制作使人们误以为这就是电影技术惹的祸；其实不然，试想，如果没有这些新技术的使用，这些失败的大制作是不是更失败呢？

（二）旧技术研究的新意义

1."技术 - 美学"的历史视野

人们思考问题往往习惯于从眼前的现象出发，比如我们会思考电影《阿凡达》（*Avatar*, 2009）为什么会这么优秀，可能认为，詹姆斯·F. 卡梅隆（James F. Cameron）采用的 3D 技术只是噱头；但是如果把影片放在电影技术史中分析的话，我们能够发现，如同电影史上其他的众多技术那样，3D 技术已经不仅仅是传统意义上的工具，它已经成为影片美学的一部分。

2. 数字时代电影技术研究

数字时代的电影影像在工具上已经产生巨大变革，使得电影技术的变革和应用更加快速，深入，广泛，但是，影像生成的基本原理并没有消失。因此，提高研究者和创作者对数字电影技术的重视程度，同样需要提供一个电影艺术在技术基础上变革的历史视野。

3. 他山之石

他山之石，可以攻玉。法国、德国、意大利、瑞典等欧洲国家和美国的电影文化比较发达，论艺术成就他们在世界电影史上的贡献也颇为卓越。欧洲的文化底蕴和理性精神、美国的开拓精神和自由创新意识，在世界文化史上都算是具有一定的启发性和借鉴意义的。纵观电影史，欧美国家在电影领域的技术创新往往引领世界电影美学的走向；学术界的那句话"电影史就是一部欧美电影的历史"，也从一个侧面反映了欧美电影的影响力。即使在电影已发展了 120 年的今天，欧美国家的电影水平，无论是艺术诉求、票房数据还是技术水平，无疑都处于世界前列；当然，欧美各国的电影也各有问题和弊端。

第四节 创新性：一种电影影像研究新思路的可能性

一、技术机制：影像风格为什么

什么是机制？根据《辞海》的解释，"机制"一词源于希腊文，原指机器的构造和动作原理。"机制"的这一本义可以从两方面来解读：一是机器由哪些部分组成和为什么由这些部分组成；二是机器是怎样工作的和为什么要这样工作。

当笔者把"机制"一词引申在不同领域时，它就有了相关的更加具体的含义。当"机制"引申在技术领域时，就是技术机制，也可以从两个方面理解：一是技术由哪些部分组成和为什么由这些部分组成；二是技术是怎样工作的和为什么要这样工作。

电影影像的研究必然离不开对影像风格的研究。电影影像的风格是怎样的？这其中包括影像的光线特征、色调变化等。电影的"风格研究"自有其学术价值，但其最大不足是研究者的研究对象始终是摄影的"结果"（即"风格是什么"），而不是创作的过程或者原因（即"技术怎么样"和"风格为什么"）。这关系到"艺术家是怎样达到的，以及为什么必须这样做，不这样做行不行"的问题。其中，"风格是什么"可以归在艺术范畴，"技术怎么样"和"风格为什么"才是影像研究的技术思路。所以，这种研究思路欠缺挖掘影像风格形成的内在机制，仍然在影像研究的窠臼里前行。这个窠臼把技术和艺术割裂开来，还在套用形式和内容的陈旧关系。这个窠臼具体体现到电影上就是，故事是内容，视听语言是形式。笔者认为，研究视听语言的"为什么"同样重要。

甚至，有的研究者有时采用"影像很脏""影像模糊不清"等描述性语言来研究影像。诚然，影像风格研究自有其价值，但是如果影像的研究过于依赖个人感觉且采用主观的或者欣赏性的描述，就值得商榷了。因为，从个人感觉出发的描述不仅会阻碍摄影师和导演之间的有效交流，也会妨碍研究者之间进行有效的学术交流，但是这种"豆瓣体"电影研究方法在学术研究中并不少见。在电影的形式研究上，一些电影研究者，特别是少数没有电影专业教育背景的影评人，习惯于对电影风格做简单化处理，把电影简单化地划分为现实主义和表现主义，比如把电影早期的创作分为路易·吕米埃（Louis Lumière）的现实主义和乔治·梅里爱（Georges Méliés）的表现主义。笔者认为这种划分容易产生歧义。

以"表现主义"（expressionism）为例，"表现主义"一词由鲁道夫·库尔茨（Rudolf Kurtz）最先提出，原本用在文学戏剧领域，后被扩展到电影领域。我们需要注意的是，在学术领域，该词是一个容易产生歧义的美学词语。巴里·基思·格兰特在《电影大百科全书》中认为，"表现主义"一词因被滥用而变得毫无意义，成为一个笼统的术语（a catchall term）[10]171。表现主义电影的歧义体现为：它既可特指 1920—1924 年魏玛时期的部分电影——这种电影有六七部，即电影史上的"德国表现主义电影"——也可泛指与现实主义风格不同的电影风格。以上是该词在特指和泛指上的两极情况，在这两极之间还有一个中间状态，比如既可指 20 世纪 20 年代的德国电影，也可指 20 世纪 30 年代美国环球影片公司出品的部分电影（**20 世纪 30 年代环球影片公司拍摄了大量的恐怖电影。——作者注，后同**）和 20 世纪 40 年代的黑色电影（film noir）。更加含混的是，"表现主义电影"一词指的究竟是电影运动，还是意识形态，还是摄影风格，还是电影设计（主要是美术设计），甚至是一种更加主观化的叙事特征呢？

笔者认为，"表现主义"一词在学术领域使用的时候，一定要特别说明它具体所指的内涵和外延，以避免产生歧义。所以，与其就一个充满歧义的词语争论，不如抓住这种风格形成的内在技术机制。

二、如何研究电影技术

（一）作为历史的电影技术史

电影研究的不同方法产生不同的研究内容。电影研究，无论采用什么方法，最终取决于我们如何看待电影这个媒介。电影发展到今天，学术界已经认识到，电影最终是一种在技术、商业、文化、艺术等因素共同作用下的大众传媒。电影的发展处于技术发明与进步、风格创新与继承、工业生产与利润，以及文化传播等因素的交集之中。

历史是不同因素相互作用的有机体。在现在的电影研究语境下，我们已经无法把电影历史（包括电影技术历史）看作单一的、机械的、线性的历史线索，但人们往往误以为电影历史本来就是分阶段的；其实，阶段的划分是人为的，历史阶段可能并没有如此清晰的分界线。所以，电影技术史比黑白、有声和彩色的划分复杂得多。巴恩·基思·格兰特在《电影大百科全书》的"电影历史"词条中认为，电影历史不是单一的、简单化的，而是丰富的、多面的；同时认为电影技术的作用是多方面的，涉及电影的拍摄、放映等多个环节，并且对电影的风格产生重要影响，还特别强调电影的放映历史也在影响电影的技术和风格[10]126。

（二）摄影技术的历史角色

电影科技的历史是一个有限的、微妙的、不断增加的过程，这个过程比想象的要微妙得多。电影的一些技术，比如声音、色彩、立体声、立体电影、宽银幕等，可以让观众欣赏到不同的电影技术带来的不同的视听魅力；但技术是如何影响电影制作的，普通观众并不能觉察，也几乎没有兴趣。

电影是科学技术的产物。电影的工业发展和艺术想法都要依赖电影技术的发展革新和技术的支撑。然而，电影需要电影工业和电影技术的慢慢积累，也不仅仅是具备技术的想法（ideas）就可以实现的。诚然，电影技术使得人类的思想可以转化为影像和声音，但是，这种表达在技术的发明之前是不可能的。对于技术的这种物质性地位，让-路易·科莫利（Jean-Louis Comolli）认为，"完整电影的神话"在电影诞生之前早就存在了，并且几乎所有关于电影技术的重要想法在电影诞生前50年就已经发生了[11]248。而所有这些想法都需要技术的支持。不过，英国电影摄影师大卫·萨缪尔森（David Samuelson）关于电影技术的观点更加全面。他认为，自电影发明以来，在过去100多年的电影历史中，虽然电影技术不断进步，但是，电影制作的基础没有发生根本的变化，很多的基本原理没有改变。当然，大卫·萨缪尔森并不是否认技术的地位，他在接下来的文章中详细论述了电影技术对电影的影响，他认为，电影史上有二三十种基础性的技术变革具有改变电影风格的里程碑式的意义[12]。

（三）不可以孤立地看待技术

如果把技术作为一个历史元素理解的话，会发现电影技术是一个复杂的多因素合力的结果，而不是为了满足单一的艺术需求那么简单。电影技术处于工业标准、商业规则、艺术诉求和摄影材料的发展（胶片技术、机械技术等）的多重合力之中。

1. 经济因素

我们不能忽视经济的因素（商业策略和经济诉求）在电影技术革新中的巨大作用。这个作用表现在两个方面。

首先，电影生产的利润需求促进了电影技术的改良，技术发展的部分原因在于电影利润。各种技术手段的产生和应用，往往既是艺术的需求，也是经济的需要。对于电影企业，利用电影技术更多是出于经济的考量。电影企业总要找到吸引观众的技术卖点。对于投资人，《阿凡达》的卖点在于艾麦克斯巨幕电影（"3D IMAX"）技术，《星球大战》的卖点在于视觉特效。有时，电影娱乐媒体和观众对技术的关注大于对电影本身的关注。

其次，利用新的技术需要大量的资金。这也正是困扰电影工业的矛盾所在。资本趋利避害的本性使得企业在新技术面前左右为难。所以，在历次重要的技术革新中，只有在必须利用这种技术获得更大利润的时候，资本才会青睐它并将其运用于电影拍摄，比如钨丝灯的开发和全色片的特性、电影声音和华纳的利润、手持摄影机和"二战"的影响、宽银幕和立体声对电视的影响。其中，宽银幕和立体声技术在"二战"之前就已经存在，但还是由于战后电影观众下降，才迫使电影技术做出改进[11]249。

2.吸收其他领域的成果

有一些电影技术来自与电影毫不相干的领域，比如电影先驱者采用的汞蒸气灯来自已经存在的舞台灯光领域。波德维尔认为很多电影技术源于军事领域，比如变焦镜头源于军事侦察，西涅拉玛型立体声宽银幕电影（Cinerama）技术源于射击训练，3D 镜头源于炮弹的追踪训练[11]249。

3.电影技术的连锁反应

一项技术的大量应用带来其他技术的连锁反应，很多既有的技术被淘汰，一些实用的新型技术得到应用，比如钨丝灯和全色片色温匹配刺激了钨丝灯的改进，有声电影迫使弧光灯降低噪声。波德维尔认为，在 20 世纪 50 年代，宽银幕电影需要高强度的灯光，这要求电影放映机具备高强度的放映用灯光，从而淘汰了一批老式放映机[11]251。

第五节　电影技术研究的困难

一、影片保存与影像质量

电影的技术研究离不开一定数量的具有历史价值的影片原始资料，所以本书的研究需要从大量的电影技术历史资料（影片资料和文字资料）中搜集，整理，归纳和论证。但是，在现在的条件下，我们看到的电影影像文本，尤其是早期电影影像，还是不是影片的原始影像？对于电影影像研究，这是一个特别突出的问题。

电影的保存之所以非常困难，原因在于保存介质的存放难度。在电影数字化之前，电影保存介质只有胶片，尤其是早期电影，胶片片基是硝酸片基。硝酸片基易碎易燃，十分脆弱，一旦储存不当，或者毁于一旦，或者影像变得无层次无细节，与原始资料相去甚远。

同时，由于硝酸片基胶片易碎、易分解，所以，硝酸片基胶片的拷贝对于外部条件要求甚高。中国电影资料馆技术部主任左英认为，胶片的保存对室内温度、湿度的要求特别高，不同类型胶片的储存条件也各不相同，"最好要求0（摄氏）度以下，而且是在零下10（摄氏）度到零下20（摄氏）度，室内湿度维持在35%到45%左右。但因为太耗电，一般很难达到这样的保存环境。我们现在是控制在0到5（摄氏）度之间"[13]。同样，意大利亚非学院顾问，以电影修复为研究方向的专业人士吴觉人举例：默片《大都会》（*Metropolis*，1927）16mm拷贝在阿根廷被发现时，已损毁得一塌糊涂，部分受损严重的影像很难恢复；乔治·梅里爱的《月球旅行记》（*A Trip to the Moon*，1902）拷贝被发现时，已经凝结成一块砖头了，最后是用蒸馏的方法一格一格地把它分开的[13]。所以，很多早期电影已经不存在，或者已经无法观摩。

二、缺乏记录，资料匮乏

为什么缺乏电影技术资料的历史记录？电影制作者、技术人员、研究人员和普通观众在电影机械的研究必要性上长期处于暧昧不明的状态。这是因为人们一直很难把电影／电影技术／电影机械看作一件值得记录、传播和研究的严肃的事情。这个态度直到今日也没有得以有效解决。

（一）电影技术人员缺乏资料意识

电影制作的先驱者本身就是技术人员，比如托马斯·爱迪生（Thomas Edison）、威廉·迪克森（William Dickson）和吕米埃，他们很少有意识地记录电影技术的发展细节，他们更多是把电影看作一项生意或者视觉玩意儿，并没有把电影看作多么严肃的事情。即便在电影发达的好莱坞黄金时期，电影的技术人员和制作者往往也只注重电影的技术操作层面，因而缺乏有关技术与影像的文字记录，更不必说理论思考了。

（二）迟到的严肃的电影研究

电影研究进入学术领域很晚，大概在 20 世纪 60 年代才进入大学课程。在电影诞生之后的很长时间里，电影被看作廉价的娱乐，是供贫穷移民和教育程度较低的人消遣的玩意儿，甚至被知识分子认为是"道德败坏的东西"。即使在电影蓬勃发展的 20 世纪 20 年代，学界也没有重视电影的早期历史。根据《电影大百科全书》中"电影历史"词条的解释，20 世纪 30 年代之前的所谓"电影研究者"，基本由记者、创作者、发明家和出版商组成，研究文章按照"伟人"（elite）的思路撰写[10]128。比如特里·拉姆塞耶（Terry Ramsaye）被《电影大百科全书》视作最早的电影史家之一，他是一名出版商，出于业余爱好于 1926 年发表了题为《一百万零一夜》的电影短文。到了默片末期，知识分子才开始"思考"电影。直到 1935 年才有维切尔·林赛（Vachel Lindsay）的《电影艺术》（*The Art of the Moving Picture*）一书。在 20 世纪 60 年代之前，这种严肃看待电影的研究还是很少，更多的是对于电影技术的编年体式记录、市民小报的消遣性报道和影迷杂志。

但是，笔者的观点与巴里·基思·格兰特在《电影大百科全书》中的观点略有不同。在 20 世纪 60 年代之前，电影理论的思考包括影像思考已经颇具学术价值和历史影响。例如，德国心理学家胡戈·明斯特贝格（Hugo Munsterberg）的《电影：一次心理学研究》（1916）、俄国 20 世纪 20 年代前后的形式主义电影理论对影像本体的思考、法国先锋艺术家对电影影像的激情发现 [诸如乔托·卡努多（Ricciotto Canudo）的"上镜头性"（photogenie）]、鲁道夫·阿恩海姆（Rudolf Arnheim）的《电影作为艺术》，以及安德烈·巴赞（André Bazin）、西格弗里德·克拉考尔（Siegfried Kracauer）等人的电影研究。

不过，随着 20 世纪 60 年代电影教育和文化的发展，以及世界各地的电影博物馆的建立，电影获得社会文化的身份之后，才得以真正进入研究领域。电影研究逐渐进入电影研究的现代阶段，电影研究从电影作者研究、符号学研究、以波德维尔为首的新认知主义电影研究走向电影研究的多元化时期，其中，不得不特别提及以巴里·索尔特为首的建立在统计数据（statistical data）基础上的电影形式的数据分析。索尔特长期对电影的形式进行数据分析，比如对好莱坞电影的镜头长度做量化分析和对比，从中推测主流电影风格的变化。索尔特长期对电影的形式进行数据分析，比如对好莱坞电影的镜头长度做量化分析和对比，从中推测主流电影风格的变化。

　　总之，现在的学者只能从现存的资料（传记、翻译资料、博物馆等）中挖掘只言片语，力求追溯更为完整的历史信息。然而，这种追溯和研究是十分困难的。雷蒙德·菲尔丁认为，人们对电影的早期历史不是很关心，在申明了这种状况之后，他认为原因是历史记录的缺乏，电影的起源，甚至当代的电影技术信息都很模糊，这种状况导致研究者对早期电影的经济、技术、艺术风格和社会影响都难以充分理解。鉴于此，即使优秀的电影研究者也很难提供确切的电影历史，这种窘境在近期改观的可能性也不是很大[1]。

本章参考文献

[1]　FIELDING R.A technological history of motion picture and television [M].California: University of California Press,1984:3.

[2]　王巧慧.淮南子的自然哲学思想 [M].北京：科学出版社，2009：4.

[3]　范勇，等.文明通鉴：东方文明经典100篇 [M].北京：中国文史出版社，1997：131.

[4]　李约瑟.中国科学技术史：第2卷 [M].北京：科学出版社，1990：145.

[5]　谢清果.先秦两汉道家科技思想研究 [M].北京：东方出版社，2008：78.

[6]　黄仁宇.黄河青山：黄仁宇回忆录 [M].上海：生活·读书·新知三联书店，2007：408-409.

[7]　王汝发，韩文春.数学·哲学与科学技术发展 [M].北京：中国科学技术出版社，2007：141.

[8]　郝书翠.真伪之际：李约瑟难题的哲学文化学分析 [M].济南：山东大学出版社，2010：56.

[9]　宗白华.论文艺的空灵与充实 [J].文艺月刊，1941，(5):5-7.

[10]   GRANT B K. Schirmer encyclopedia of film[M]. New York:Schirmer
        Reference/Thomson Gale, 2006:171.

[11]   BORDWELL D, STAIGER J, THOMSOM K. The classical Hollywood cinema:
        film style and mode of production to 1960[M]. New York:Columbia
        University Press, 1985.

[12]   SAMUELSON D. Strokes of genius[J]. American Cinematographer,
        1999, 80(3):166.

[13]   于音, 舒晓程. 拯救脆弱"老电影"刻不容缓[N]. 新闻晚报, 2013-07-15(A2叠
        02/03-文化热点).

第一章 技术机制：技术作为基础

"没有艺术这回事，只有艺术家而已"[1]。这是厄恩斯特·H. J. 冈布里奇（Ernst H. J.Gombrich，**本书引用的参考文献译作贡布里希**）《艺术的故事》一书开篇部分的第一句话。通读全书可以发现冈布里奇并不是要消灭艺术，而是意在提供一个看待艺术的全新视角。冈布里奇在该书《导论：论艺术和艺术家》中写道，从古到今，人们进行了不同形式的创作活动，我们不妨就把这一切有关的活动称为"艺术"。紧接着，他告诫读者："只要我们牢牢记住，艺术这个名称用于不同时期和不同地方，所指的事物会大不相同，只要我们心中明白根本没有大写的艺术其物，那么把上述工作统统叫作艺术倒也无妨。"[1]他解释道，因为艺术已经渐渐变成一种奇异的东西，一种被人盲目崇拜的对象。他进一步说明，由于人们的喜好、经历和所处时代的不同，相同的作品在不同的欣赏者那里有不同的感受，这些都是很正常的事情。可见，艺术因不同的文化环境、不同的接受对象而呈现不同的含义。

第一节 艺术与技术

一、艺术：一个感受性概念

如何理解艺术？需要我们去追溯"艺术"这个词的来龙去脉。我们所讲的汉语"艺术"，对应的英语单词是"art"，然而，"art"这个词在英语（属于印欧语系）中的含义和汉语"艺术"的含义很难对应。一是英语的"art"一词含义十分宽泛。"art"既可以指视觉艺术（visual arts），包括绘画、建筑、雕塑等，甚至包括现代的装置艺术（installation arts），也可以用于表示其他领域，比如医学艺术（medical arts），甚至军事艺术（military arts）。二是英语"art"原本的拉丁语含义是"skill"或者"craft"，对应汉语的"技巧"和"工艺"[2]。而在汉语语境下，我们很难把"技巧"或"工艺"归在"艺术"的含义里，通常也不会把从事技巧和工艺的人称作"艺术家"。汉语语境下的艺术创作，一直存在着艺术（艺）与工艺/技巧（匠）的分野，也就是说艺术和工艺是不能混淆的。虽然国内艺术界已经扩展了艺术的内涵，比如出现了装置艺术、行为艺术等等新的艺术形式；但是，在严肃的学术领域还很少有人真正承认这些艺术形式的严密性和合法性。更重要的是，汉语语境的"艺术"概念是一个狭隘的概念，从事工艺/技巧工作的人一般进入不了"艺术"的殿堂。

很多的研究者经常这样评价艺术作品：某个作品是艺术品，某些人是艺术家，某个创作者是一个匠人。在这里，艺术和技巧已经成为判定作品美学价值的两个层次。然而，西方的艺术研究却基本不存在艺术和技巧的明确划分，因为正如前所述，在印欧语系里，这两个词本来就是一体的。至于造成这种现象的原因，笔者认为，这和中国的文化传统有关，和我们的精神内核有关，即"重道轻技"的文化传统。这在本书《绪论》第二节已经论述，此处不再赘述。然而自相矛盾的是，汉语语境下所谓的"艺术"又是一个极其含混的概念。

虽然"艺术"的概念几乎在各类美学词典上均有解释，但是研究者对"艺术"的理解却各不相同。这是因为，"艺术"本身是一个感受性的概念，正如冈布里奇所指出的，是随着外部因素（时代、文化环境、欣赏者等）的变化而变化的。因此，由于个人理解的不同，"艺术"一词有时候反而成为研究者之间争吵的根源；甚至，"艺术"有时是一个随意的概念。当某种新的文化形式进入研究领域的时候，研究者习惯不假思索地给予它"艺术"的名分。目前普遍认为，艺术史上有所谓的"七大艺术"，电影因为排行第七被称为"第七艺术"。对于"第七艺术"的命名，邵牧君在《电影新思维：颠覆"第七艺术"》一书中明确指出，把电影看作"第七艺术"，于电影发展祸害无穷。

邵牧君认为不要把电影草率而懒惰地放在既有的艺术行列中，电影就是电影 [3]。邵牧君的观点给我们如何理解艺术，如何看待艺术电影和商业电影提供了启发性思路。

如何看待电影艺术？邵牧君认为，电影首先是一门工业，然后才是艺术。这是电影发展历史和电影媒介本身的特性决定的。邵牧君的另外两本书——《西方电影史概论》和《西方电影史论》同样坚持这一论点。邵牧君先生的著作不是通常的"电影作为艺术"的电影史写作体系。例如，其出版于 1982 年的《西方电影史概论》把世界电影史划分为技术主义传统、写实主义传统和电影的现代主义，明确放弃了电影艺术风格的写作角度，强调技术在电影史中的地位。这种写作体系在出版于 2005 年的《西方电影史论》中仍然被邵先生本人坚持。

随着新媒体的兴盛，互联网艺术、多媒体艺术、游戏艺术等等新的名词不断出现在研究者面前。在后现代文化的影响下，甚至出现"生活处处是艺术，人人都是艺术家"的文化现象。很少有研究者质疑这种随意颁发名分的研究思路是否严谨。如果我们已经无法改变汉语语境下的艺术概念的狭隘和含混，那么我们在学术领域就不应该继续随意地使用它。

在学术领域我们如何使用"艺术"一词？一个无法改变的现实是，国内外的学术界仍然在使用"艺术"（art）这个词语。比如美国人波德维尔的名著《电影艺术：形式与风格》仍然采用"电影艺术"（film art）作为书名，但是，从其著作思路看，film art 对于波德维尔来说主要是电影技巧，是具体的电影创作的各个元素，和国内理解的艺术的形而上含义大为不同。中国不仅使用"艺术""艺术化""艺术风格"等词语表述作品的特征，而且在社会科学学科划分中，"艺术学"已成为独立学科门类。2011 年，国务院学位委员会新年会议一致通过决议："艺术学"从"文学"门类中分离，将艺术学科独立成为艺术学门类。研究者要注意：在学术研究领域，"艺术""艺术化""艺术风格"等词语的使用要格外小心谨慎，否则，艺术概念内在的狭隘、宽泛和随意的特点就会成为学术交流的障碍。

二、技术的相对确定性

（一）技术的概念廓清

"technology"（技术）一词的希腊文词根是"techne"，意思是"art, skill, cunning of hand"，本意是指个人的技能或技艺[4]。随着历史的发展和工业的进步，技术的内涵和外延经历了重大的变化。变革的分水岭在第二次工业革命前后。在工业革命之前，技术并没有如现在这样主导人们的生活，"technology"一词也不如现在这样使用频繁，只是局限于个体的生产技能以及家庭世代相传的制作方法和配方。直到20世纪之前，技术一般用于表示实用性的工艺[5]，并且只在关于技术的教育领域才会经常使用这个词语[6]。

1930年，技术的含义已经不再是指对于工业品的研究，而是指工业品的制造本身[7]。1937年，美国社会学家瑞德·贝恩（Read Bain）在文章中写道，技术包括人们所使用和制造的工具、机器用具、武器设备、缝衣工具、交流和交通工具，以及人们所采用的方法和技巧[8]。瑞德·贝恩的定义在社会科学家那里很受欢迎，但是在一些应用科学领域却不被认可。技术在不同的情况下具有不同的含义，只要是为了达到一定目的所采用的智力和体力运用都可以，并不局限于物质领域，我们往往把知识和工具（knowledge and tools）也算在内。因此，为了解决现实世界的问题所采用的工具和机器，无论其水平的高低，哪怕是一只木质的勺子，哪怕是太空空间站，都可以被放在"技术"的概念之下。技术不一定呈现为具体的实物，比如计算机软件。

当然，技术并不是只有"赋予文化创造性"之类的积极意义，技术还可以加剧人与人之间的矛盾，增加政治冲突甚至诉诸武力。现存的核武器数量足以把地球毁灭。这就是我们经常提到的"技术的两面性"和"技术是一把双刃剑"。

人们习惯把科学和技术混为一谈。科学、技术及工程之间的界限并不是十分清晰的。科学是采用一定的理论方法去研究现象的规律。技术是在科学的指导下所采用的手段。技术的发展依赖知识领域，包括科学、工程、数学、统计学、历史知识的支撑。比如，科学可以利用现有的技术去发现感光乳剂的化学特性，科学的新发现又在胶片制造业得以运用，制造出新型的胶片。

（二）技术具备相对的确定性

在前文关于"技术"的概念廓清中，可以发现技术与科学、工程之间在某些时候很难区分——我们面对一项技术的时候很难说这是技术还是科学，是技术还是工程；这三者往往有机地融合在一起，特别是在电影技术的数字化时代，在电影后期制作的重要性日渐突出的时代，这种辨析更加困难。所以说，在技术领域，尤其是新兴技术领域，技术的适用性、可行性等都具有不确定性；但同时，技术的确定性也十分明显。

相对于艺术的主观感性来说，技术本身具有详尽的技术参数和一套明确的量化标准；而这些参数和标准是通过科学的、精确的及量化的方式完成的。因此，人们在一定程度上可以把握技术，这也是技术产生的目的之一；因为技术的产生就是为了让人类把握，越容易把握越好，而不是相反。

但是，技术的相对确定性往往备受西方哲学界的批判。西方哲学界一般认为，技术的量化标准规定了人的技术性存在，这种规定可能导致人被机器奴役，比如晚年的海德格尔（Martin Heidegger）使用"座架"（Ge-stell）一词来概括"技术对于人的制约"这一特点。

迈克尔·欧克肖特（Michael Oakeshott）指出，西方文化中技术理性源于对确定性的追求，理性主义者专注于确定性，技术和确定性是不可分割地连在一起的。因为在他看来，确定的知识是不需要在它自身之外寻找确定性的，它本身就是确定的；知识，就是不仅以确定性终，也从确定性始，确定性贯彻知识的始终 [9]。另外，美国实用主义哲学家约翰·杜威（John Dewey）的《追求确定性：知识与行为的关系研究》对确定性有详细的介绍。在此不多做论述。

在技术理性主义看来，技术成为准则和标准一类的东西，那技术就具有理性的高度，而理性就成为对这些具体知识的运用。一旦把技术等同于知识和对确定性的崇拜，理性就转变为技术理性。

通过以上分析，可见西方哲学界对技术持一种冷静批判的态度。这里，笔者要指出的是，人与科技的关系暂且不论，至少我们能从中看出，技术具有相对确定性，这是艺术概念不具备的。技术具备相对的确定性，这就给笔者的电影技术研究提供了更多的可行性。

三、艺术、技术与材料

"材料"是什么？材料（material）是人类用于制造物品、器件、构件、机器或其他产品的物质。《辞海》的解释是"能直接制成成品的物件"[10]。显然，材料是物质形式的一种，但并非所有物质都被称作"材料"，如燃料、食物、药物等，一般都不被看作材料。

（一）技术与材料

技术与材料之间是什么样的关系？材料是人类赖以生存和发展的物质基础，是社会进步标志之一。20 世纪 70 年代，信息、材料和能源被誉为"当代文明的三大支柱"。20 世纪 80 年代，在以高技术群为代表的新技术革命阶段，人们又把新材料、信息技术和生物技术并列为新技术革命的重要标志。可见，材料是技术的元素之一，是技术的表现形式之一。阿尔贝特·博格曼（Albert Borgmann）认为，"技术"一词可以表示一系列的技巧，包括机械方法、工具和原材料（techniques, tools and raw materials）[11]，其中的"raw materials"就是"原材料"的意思；也就是说，技术包含三个层面的意思，即方法、工具和材料。

在艺术领域，材料主要是指用于艺术创作的、艺术家所使用的物质形式，比如画家使用的画布、油彩、石材等，音乐家使用的乐器，摄影师使用的各种感光材料、镜头、灯光器材等。在美术领域，国内的很多美术院校已经开设了材料艺术实验类的课程，越来越多的研究者认识到材料对创作的作用和影响，并利用材料的特点开创风格，完成艺术想象。在电影摄影的课程建设中，诸如"摄影材料的感光特性"之类的课程也是摄影专业的必修课程。

（二）材料是艺术的物质基础

为什么要认识创作材料？通常，材料属于物质层面，是客观的物质存在，是单一的、没有性格的。但是，当材料进入艺术领域的时候，材料和艺术构思结合，材料的形、色、质、量都直接影响美感经验，从而参与了艺术的创作，在一定程度上主导着艺术的风格。贝尔纳·米勒（Bernard Millet，**本书引用的参考文献译作贝尔纳·米耶**）认为，电影材料不是中性的，而是一种积极的媒介，认为"整个电影创作中所使用的最基本的物质材料，也就是胶片本身的物理－化学性质，在美学上和在观念形态上是中性的"这种观点是错误的[12]62。因此，材料具有媒介的存在特质，它一旦进入创作系统，就不再是中立的、抽象的、脱离具体创作环境的本来意义上的"材料"。加拿大著名的媒介信息理论家马歇尔·麦克卢汉（Marshall McLuhan）对媒介的能动性发表了著名的"媒介即是讯息"和"媒介是人的延伸"理论，他认为任何媒介都不是中立的，它是人的身体和神经的延伸。而媒介自然包括传播者使用的工具，那么对于艺术创作来说，材料便有了能动的、主观的色彩和情绪。很多研究者认为麦克卢汉的理论片面强调了个体在媒介面前的无能为力[13]。的确，对于麦克卢汉的这一理论，学术界是褒贬不一的，但该理论颇具启发性。在学术领域，理论的启发性往往比理论的全面性更加重要。

在哲学层面，迈克尔·迪弗雷纳（Mikel Dufrenne，**本书引用的参考文献译作杜夫海纳**）在分析审美对象的构成要素时指出，第一个要素就是材料。他认为，这个"物质材料"使审美对象成为一个自然之物、纯粹之物，物质材料本身就是审美对象的定在（Dasein）。音乐的材料是声音，绘画的材料是线条或颜色，建筑物的材料是大理石、砖瓦、混凝土等等，诗歌的材料是发出声音的词句，舞蹈的材料是人的身体。这个"物质材料"也有它的"形"，是可以付诸知觉的原始感性。迪弗雷纳不惜对构成"物"的这两个方面做循环规定，以此强调二者的统一："对感知者来说，物质材料就是从物质性，也几乎可以说是从奇异性这方面来考察的感性本身。完全不需要引用一个感性的基础，因为感性自身就是对象。这样，感性得到了自身的圆满性，并表明一种丝毫不以自身为耻的物质材料。知觉只要把感性的这种奇迹记录下来便是。"[14]

苏珊娜·赫德森（Suzanne Hudson）在《艺术语言和形式分析》中认为，媒介指艺术家在作品中用以表现的物质材料或技术手段。首先，艺术家要确定以什么样的手段创作，如素描、绘画、雕塑、版画、镶嵌、陶瓷、计算机图像、拼贴、混合媒质、纤维艺术、装置艺术、表演艺术[15]。可见，人类对材质的选择本身即是一种选择、思考与美学。

材料如何唤起人们的情感？在绘画领域，原始画材透过画家的选择，从中性的材料过渡到表现性材料。例如：素描、水彩、版画和雕塑这几种不同的美术形式，其实就是按照表现材料的不同而划分的，不同的材料完成了不同的艺术作品。而且，艺术创作所使用的材料可以表达一定的民族情感和文化符号，比如中国水墨画所使用的水、墨和宣纸所寄托的独特的东方传统文化情怀和艺术意蕴。

艺术家利用哪些材料创造作品？现代的很多艺术家利用传统艺术可能忽视的材料完成独特的艺术构思，没有这种独特的创作材料的选择，就不可能诞生这些新颖的作品。这些材料包括纸张、布片或其他可用于拼贴（collage）的材料，以及日常用品、垃圾、残片等，都可借由观念突破，创造出新奇有趣的艺术作品。

不同的材料产生不同的艺术形象，一定的材料与特定的形象之间有着必然的联系。例如：同是鲁迅雕像，青铜材料和大理石材料的艺术形象就会传达不同的艺术感觉；如果电影《阿凡达》改成黑白影像放映，观众的感觉会完全不同。以下选择绘画和书法两种典型的视觉艺术说明材料对创作的重要性。

1. 绘画

绘画的主要材料是颜料。材料不同，绘画的视觉效果也不同。首先，材质的不同规定了不同绘画的视觉效果。传统油画和水粉水彩画的区别特别能说明绘画材料对绘画视觉效果的影响。传统油画所使用的布面或者木板一般是做过胶底的，以此防止松节油、调色油或者熟化亚麻仁油穿透纸背渗出。而水粉和水彩则相反，一定要在特殊的有吸水性的纸本上作画。水粉绘画采用的是水溶性颜料，要在有吸水性的纸材上画画，绝不能在做了胶底的油画布上作画。同理，油画所采用的调色油只能画在不透水的画板上，如果用油画用的调色油颜料在水粉画纸上作画，效果肯定很糟糕。所以，绘画材料的不同，影响着绘画的视觉效果。

同样的，材料区分出了绘画的不同门类。中国传统绘画所使用的不同材料区分出了国画、版画、钢笔画等不同的绘画方法，同时决定了不同的绘画技法。材料的改变会在一定程度上影响绘画的效果。比如，中国画所采用的材料由传统的宣纸或者帛扩展到木材、石材等材料，虽然还是中国画，但是影像效果已经不同。油画同理，各种新的介质的出现，都在改变画面的风格。比如，中国画的材料构成是毛笔、宣纸、墨汁等，毛笔的弹性、笔端尖而有锋，造就了中国画"以线造型"的特点。材料的革新给新的艺术风格和新的艺术作品创造留下了广阔的空间和更多的可能。

油画为什么具有其他二维美术作品不具有的立体感？油画颜料的历史经历了从蛋彩到油的转变。发明于 15 世纪的油画采用的是亚麻籽油，在处理过的布或者是板上作画，油画颜料干后不变色，不同的颜色调和后不会变脏，使得油画家能调配出逼真丰富的色彩，同时，由于油画颜料是不透明的，画家可以逐层覆盖，创作出深浅变化，从而产生立体感。

19 世纪，由于化学工业的发展和现代材料的出现，油画家不再使用天然油画原料，而是大量改用颜料工厂调制好的化学原料，影像更加明亮、多样。从此，油画的颜料开始发生质变。罗西·迪金斯（Rosie Dickins，**本书引用的参考文献译作罗斯·狄更斯**）认为，油画颜料从画家手工制作到"直接从管子里挤出来"是个变革[16]，这是因为在工业化的推动下，颜料变得更加丰富，质量更高。

绘画材料赋予绘画作品质感、底色、纹理等基本特质，但是在创作上，绘画材料给艺术家提供了艺术想象的空间和规定性，绘画材料和艺术家的创造性共同组成了作品的艺术系统。优秀的绘画作品需要材料的材质美和画家绘画技术美的完美结合。画家利用绘画材料的材质美创造影像，共同服务于绘画。所以，画家在选择材料的时候都加倍小心，对于材料的质量和特性都十分挑剔；不仅考虑材料的尺寸、厚薄、软硬，对材料的产地、加工方式等因素往往也特别讲究。

2. 书法

相对于绘画，要想论证书法的技术特性恐怕更加困难。因为书法艺术诞生在中国"重道轻技"的传统文化氛围之中，人们往往更容易相信书法作品是精神的产物而不是技术的产物。然而，正是独特的技术和技法构成了独特的书法艺术，书法的独特技术让这门古老的艺术充满了生命的活力。

其实，书法艺术是一门特别注重技术的艺术形式，有书法练习经历的人都知道书法特别讲究"笔法"，"笔法"才是书法表现手段的核心。笔法的不同，区别出了不同的书法流派，如王羲之、欧阳询、柳公权、颜真卿等等，《兰亭序》、欧体、柳体、颜体都是笔法技术造就的。可见，"笔法"是一个技术层面的概念。

除了"笔法"，书法书写的物质载体也会对不同的书法风格产生影响。书写载体的材质特点影响着书法艺术的风格。纸张并不是中国古代书法书写的唯一载体，在纸张发明之前，动物骨壳、岩石、金属器具、简牍缣帛等材质都做过书法的书写载体。这些不同的材质产生了不同的书法风格。比如甲骨文是用刀刻在坚硬的甲骨上，因此，甲骨文很难书写出细腻的笔画，只能呈现线条化的书法结构。杨皓总结，"占卜是神圣大事，贞人集巫术占卜家和卜辞刻写家于一身……贞人用青铜刀、玉刀刻在龟甲兽骨上的书法，因契刻手段和甲骨之物质材料决定了它只能选择使用线条化的文字构成方式"[17]。所以，甲骨文完全超越了原始图画文字阶段，使汉字实现了纯粹线条化，同时，又和后来的书法风格不同。同样，岩石、金属器具、简牍缣帛等不同物质形态的书法作品，会带给我们不同的审美感受，其书法载体影响并造就了不同的书法艺术特征。在此不再详述。

总之，材料从原料意义转变为审美意义。当材料在艺术家的手里，被有选择地创造性利用的时候，材料就失去了自身的、自然的、独立的审美意义而成为艺术家创造的物质基础而进入作品的艺术系统。所以，可以说，材料是艺术创作中不可缺少的重要环节。

第二节 电影与技术

一、电影的物质属性

（一）电影生产的物质性

从观众的感觉来说，电影几乎是非物质性的。这种感觉几乎是理所当然、毋庸置疑的。正如观众所感觉到的，电影给人带来梦幻般的视听体验和共同的文化记忆，看电影逐渐成为人们的休闲方式和交际方式。更加重要的是，随着持续地发展，电影逐渐成为一种思想情感、文化表达的媒介，承载着时代的潮流趣味和文化潜意识。这种感觉似乎和电影技术一点儿关系都没有。

为什么说这种感觉是不全面的？因为观众所产生判断的依据，仅仅是电影传播链条的终端，即电影的放映阶段，也就是电影在银幕上所呈现的东西，通俗地说是"电影的结果"。电影的完整链条包括电影的制作、发行、宣传、放映等不同阶段；而电影生产的完整链条是怎样的，普通观众不会注意。

电影作为媒介的完整过程包括项目建立、生产制作（前期和后期）、商业发行、影院放映等多个相互联系又各自不同的阶段。为了把握电影的属性，必须把电影作为一个完整的过程来看才能避免认识的片面性。当然，依据不同的角度，电影的属性也是多元的，有商业属性、文化属性、艺术属性和物质属性。其中，物质属性是电影赖以生存发展的基本属性。正如布鲁斯·F.卡温（Bruce F. Kawin）在《解读电影》中指出，他们（电影工作人员）的工作就和电影本身一样，是物质和美学的功能性整合[18]139。法国电影理论家罗贝尔·巴塔伊（Robert Bataille，本书引用的参考文献译作巴塔叶）指出，单词本质上是观念性的……镜头本质上是物质性的……单词是思想，镜头是感觉[19]66。

（二）电影发明的技术基础

电影为什么被称为"发明"，而不是"发现"？这是因为电影并非藏在某个地方等待人类寻找，而是人类科学技术进步的结果，是人类文明的创造。

电影的发明有两层意思。一是为了人类发明，也就是说，电影的发明为人类而准备，发明由人类完成。因此，作为最初的视觉玩具，电影的发明一定会（必须）按照人类的视觉特点进行。所以，电影的发明依赖视觉认知能力的自我认识。这是一种生物学意义上的人的本能，以及人类对视觉认知的科学积累。这一层意思是"为了人类发明"。二是被人类发明。电影是现代科学技术的产物，尤其是化学技术和机械技术的成果，这就是"被人类发明"。二者缺一不可。

这两层意思在大卫·波德维尔那里具体化为五大因素，即视觉感知能力、放映影像的能力、快速拍摄影像的能力、印制影像的能力，以及摄影机和放映机上的间歇机构的发明。很明显，这五大因素分别是"认知"和"技术"的具体化。这五大因素中的第一个因素属于人类的生理本能，后四个因素均属于人类文明中的科学技术。

人类对于视觉感知的认识要远远早于电影的发明。人类很早就已经发现和利用视觉暂留现象，据记载，中国宋代时已有走马灯。走马灯是一种当时流行的视觉玩具，它利用的原理就是视觉暂留现象。17世纪的科学家牛顿也发现了这种现象。此处不再赘述。

人类对视觉暂留现象开展科学研究始于19世纪的欧洲。此处必须提及两位先驱者：一是英国伦敦大学教授彼得·马克·罗热（Peter Mark Roget）于1824年在他的研究报告《移动物体的视觉暂留现象》

（*Persistence of Vision with Regard to Moving Objects*）中提出"视觉暂留现象"（persistence of vision），并首先命名。二是比利时物理学家约瑟夫·普拉托（Joseph Plateau）1835 年在观察太阳的实验中发现这一现象，并根据这个现象发明了证明这种人体生理特征的"转盘活动影像镜"（phenakistiscope，又称"诡盘"），而他自己也因为这次观察而双目失明。他发现物体在快速运动时，当人眼所看到的影像消失后，人眼仍能继续保留其影像——0.1 ~ 0.4 秒的图像，而这个数值非常接近现在的电影帧率每秒 24 格（24fps）的时间。同时，欧洲出现了利用视觉暂留现象的各种视觉工具，比如幻影转盘、诡盘、圆筒动画镜等。当然，电影发明需要的视觉感知能力还需要似动现象（phiphenomenon），此处从略。

视觉暂留和似动现象在本质上属于人类的生理心理本能，只要具有正常的视觉经验的人都具备这种能力，所以说，只要视听感官正常的人都能看电影，当然能否看懂以及看懂多少因人而异。

电影的诞生需要人类认知能力和电影技术的结合。只有在 19 世纪末期，经过长期的科学、文化和技术的积累，电影的诞生才成为可能。电影不仅需要人类对自身的视觉认知能力有严谨的研究，而且需要一系列的技术支撑。所以，电影诞生于 19 世纪末期绝非偶然。在电影观看的背后，是复杂的、严密的和烦琐的技术支持。目前，在谈论电影的属性时，几乎所有的电影教材都不会否认电影的技术属性。

弗吉尼亚·赖特·卫克斯曼（Virginia Wright Wexman）《新艺术的诞生与萌芽，1895—1914》开篇第一句话就是"推动电影面世的最重要原因其实与它的艺术潜质没有任何关联。"他认为"人们之所以发明有关电影的工具和素材，是源于用视觉影像来记录生活的需要以及对动物活动包括人类活动研究的一种渴望。……电影是科学家和发明家的创造"。电影中所应用的理论是由一系列光学玩具表现出来的。卫克斯曼还认为，最初的电影完全是技术支撑的，叙事是后来的事情。对于电影叙事的出现，他认为是由于人们对于简单视觉记录的厌倦，片商开始寻求人们早就熟知的文化资源，就是故事[20]。

电影技术体现在电影的制作、发行、放映、保存等不同方面，但是对于电影创作来说，只有两大因素——视觉和听觉。电影的声音技术和影像技术共同作用于电影创作，本书的核心是电影的影像技术（声音技术暂时不论），而影像技术主要体现为制作影像的材料。对此，卡温在《解读电影》（上册）第二篇《由镜头构成段落》的第一章《原料》中指出，电影院充满了录制好的光和移动的影；但是，在这几乎是"非物质性经验"的背后，是数不清的器材和许多实际的考虑[18]139-186。

的确，在电影的发明史上，电影的发明总是和一系列光学玩具联系起来的。这些玩具是先驱者们科技发明的成果，也是他们长期研究运动幻觉（illusion of movement）的成果。在 1895 年吕米埃的电影首映之前，众多的先驱者，比如艾蒂安－朱尔·马雷（Etienne-Jules Marey，摄影枪）、埃德沃德·迈布里奇 [Eadweard Muybridge，魔灯（magic latern）] 都在进行运动影像的研究。在电影产生之前，欧美很多国家和地区都有了供人窥视的小孔玩具。但是，当时的视觉"玩意"之所以没有成为"电影"，巴里·基思·格兰特认为这是因为它们欠缺这样几个最重要的元素：

a. 可以感光的快速运转的胶片，用于影像的连续运动；

b. 摄影机，可以把事物用影像记录下来；

c. 放映机，把影像投放到大的银幕上面去，以供观众集体观看[21]197。

只有柔软的胶片，才能让影像形成运动幻觉。所以，1889 年乔治·伊斯门（George Eastman）的技术对于电影的发明而言意义重大，因为这一年柯达推出了比较柔软的赛璐珞底片（celluloid film stock）[21]105。同时，吕米埃摄影和放映合一的机器拍摄的电影，成为电影史上著名的"电影首映"。

然而，我们最熟悉的句型往往是"随着技术的发展，电影怎样怎样"。当我们泛泛地讲"电影是科学技术的产物"的时候，这句话会成为一句空话，因为它忽略了太多的历史细节。为了避免此类概念化分析，大卫·萨缪尔森的《电影技术发展以及对于电影艺术的影响》一文的核心内容，是把电影技术的每一元素都做了具体的介绍和论述[22]。同样的，为了反驳电影研究的简单化概括，尼克·莱西（Nick Lacey）在《电影导论》（*Introduction to Film*）一书中如是说："我们必须承认，电影是 20 世纪的艺术形式。它产生于开始于 19 世纪早期的工业革命。和其他艺术形式不同的是，电影的拍摄和放映都需要复杂的技术支持。"接着，尼克·莱西又强调，仅仅把电影的历史看作技术发展的历史，这是对电影简单化处理的"后见之明"（to simplify events with hindsight）[23]。

何为尼克·莱西的"后见之明"？笔者的理解是，尼克·莱西认为一般性地指出"电影是技术的产物"是不够的，这只是目前的一些电影研究者对电影技术史的抽象总结；这是一种简单化的偷懒的手段和陈词滥调，因为这种简单化总结忽视了具体化的历史细节，只有具体化的电影技术研究才更加深入，价值更大。

二、电影技术史是一部电影材料史

当我们在谈论电影技术的时候，我们在谈论什么？其实，谈论更多的是电影材料。电影技术人员谈论技术的时候总是离不开具体的电影材料。在电影影像领域，电影材料主要有感光材料、摄影机、镜头、灯具、洗印、放映设备等。电影技术的发展和利用基本围绕这些因素进行。如果把摄影技术和电影艺术结合起来的话，我们会发现电影技术的发展主要体现为材料技术的发展。

电影材料对于电影影像的意义是什么？曾念平在《论摄影物质材料的美学功能》中指出，对于电影影像的构成，电影材料的意义有三：

a. 作为形式构成元素的材料，包括线条、色彩、光学透视运动等，是摄影师用以表达思想情感的电影语言符号；

b. 作为被摄对象的材料，包括所有自然界能够被胶片记录的物质，它是感光材料接收的信号源；

c. 作为影像物质载体的材料，包括胶片以及处理胶片相关联的摄影机、光学镜头、照明器材等，它是构成影像的物质材料系统[24]1。

很显然，曾念平将"电影材料"做了广义的理解，给笔者提供了开阔的视野。这一总结也和具体的电影摄影创作相吻合。电影摄影师的创作既要考虑"眼前的"——镜头前的对象（人与环境）的视觉特征，又要考虑"脑海中"的——未来银幕呈现的电影化想象，这两者的视觉形象最终都要通过具体的电影载体实现。对于摄影师来说，电影载体就是感光材料、摄影机、镜头、灯具、洗印、放映技术等一系列的摄影材料。曾念平文章的核心正是影像的物质载体，此即他所分类的第三个方面。这三者之间的关系可如此表述：

眼中所见和脑中所想形成艺术家的创造性，这个创造性与影像技术机制结合形成电影影像。

同样，波德维尔在分析电影的技术根源时指出，动态影像依赖于众多科学与工业领域的发现，特别依赖于摄影物质材料的状况。他认为电影的技术源头由表 1-1 所列领域的科技成果组成 [25]。

表 1-1　电影技术的源头

电影技术源头所属领域	光学与镜头制造
	光线控制（尤其是弧光灯）
	化学尤其是纤维素（cellulose）
	制钢、精密仪器等

很明显，以上因素都属于具体的摄影材料。他进一步指出，电影机器与每个时代的其他机器密切相关，也就是说，电影机器不断吸收其他领域先进的机器技术。他举例，在电影发明之前，19 世纪的工程师已经设计出以固定速率在长条形物质上间歇卷动与打孔的机器，比如缝纫机，而摄影机与放映机的驱动机器源于制造缝纫机、电报纸带与机关枪的技术。电影发展至今，由于我们早已习惯了电子与数字媒体，反而淡忘了电影与 19 世纪机械与化学程序的因缘 [25]。

作为电影摄影师的大卫·萨缪尔森对摄影材料有更实际的认识。他认为，在电影的早期阶段，电影技术体现为各个不同的电影材料的发明。19 世纪末期，电影技术主要体现在透明的电影底片、感光乳剂、电影摄影机的间歇系统、电影洗印和电影放映机的间歇系统，这 5 个不同的电影技术的发明形成了现在我们所说的"电影" [22]。

所以，笔者认为，电影技术的发展具体体现为电影材料的生产和变革。曾念平认为："作为影像物质载体的材料，不仅是表现电影摄影艺术的一种物质技术手段，而且是构成电影摄影艺术系统的一个美学元素。对它的研究既有工艺实用价值，又具有美学理论价值。" [24]2

摄影物质材料是电影摄影艺术系统中重要的美学元素，是电影影像的物质基础，材料的变化导致电影风格的变化。巴里·基思·格兰特在《电影大百科全书》"灯光"（lighting）词条中认为，电影灯光的历史是技术和美学的互动、时代的趣味、传统技术的改良。不同的灯光设备和新型胶片的出现，给摄影师带来了更多、更灵活的打光方法，从而创作出更多不同的影像效果。虽然很多灯光设备源于其他照明领域，比如街灯和探照灯，在电影诞生之前就已经存在，只是在后来把它们纳入电影摄影领域；但是摄影师们利用既有的设备创作了很多个第一，比如"奥比"灯（Obie）是一种很小的聚光灯，由摄影师卢西恩·巴拉德（Lucien Ballard）设计，使用在约翰·布拉姆（John Brahm）导演的电影《房客》（*The Lodger*，1944）中，用以消除女演员梅尔·奥勃朗（Merle Oberon）脸上的疤痕，"Obie"是"Oberon"的昵称[21]97。

技术对于电影的意义是多方面的，技术会渗透到电影的各个角落。世界电影史上著名的实验电影流派，比如20世纪20年代前后欧洲的达达主义之类的电影先锋派，采用的就是非学院的电影胶片。巴里·基思·格兰特在《电影大百科全书》的"实验电影"词条中认为，电影的器材发展给实验电影提供了物质依据，16mm、8mm电影胶片的出现，给主流电影之外的电影创作提供了物质支持。在20世纪，非学院电影胶片的技术发展一直走在电影技术的前列，充当主流电影技术之外的实验者角色。奥森·韦尔斯（Orson Welles）、埃利亚·卡赞（Elia Kazan）、格雷格·托兰（Gregg Toland）等人在进入主流电影界之前，都有实验电影的经历，他们都在主流电影上大获成功[21]51。

第三节 技术与影像

一、胶片技术与影像

电影是什么？归根结底，电影是运动的光线，"我们看到的银幕影像的实质是什么？实际上我们看到的是银幕上不断变化的一束光线。……摄影师是在拍摄中就通过光线控制银幕上的不同表现"[26]。

从艺术创作的四个基本元素（现实、艺术家、作品风格、物质材料）来看，对电影摄影师来说，物质材料是本文所指的电影摄影材料，主要包括影像的物质载体（胶片、电子图像传感器 CCD、CMOS）、摄影机、镜头及其附件（滤色镜）、照明灯具等。这些材料是电影摄影师用于光线造型的基本工具。一旦和摄影师的创作结合起来，这些材料就有了一定的美学意义，而不再是材料本身。如果做个比喻的话，恰如张铭所说——电影摄影机好比是画家手里的笔，光线是画家手里的颜料，感光材料可以看作画家手中的画纸[27]。

电影摄影四大造型表现手段是光学的、运动的、色彩的和光线的[28]141。如前所述，电影摄影光线创作在物质层面的发展体现为胶片技术、镜头性能、摄影机技术、专业照明灯具等因素。在这些共同存在的因素中，胶片技术对于电影摄影光线创作无疑具有基础性的作用。

首先，电影历史证明，摄影不同流派在技术上根本地取决于胶片技术，每一种胶片的问世和使用都会对影像风格产生极大的推动作用，可以说，摄影历史的一条主线就是围绕胶片技术变革进行的；理论上，没有胶片（在胶片出现之前体现为不同的感光载体，比如纸、金属板）的摄影在胶片时代是不可能的，然而，没有镜头或者没有专业灯具却是可以的；在创作中，胶片获得了远比其他因素更多的关注，胶片的感光度、宽容度、显色性（彩色片）、洗印等诸多环节都会让摄影师加倍小心谨慎；同时，电影胶片的进步引起了摄影材料一系列的连锁反应，导致灯光、洗印的技术随之改变。正如梁明教授所说："因为新材料的发展提供了更加广阔的创作空间，带来了摄影方式的突破和丰富，摄影更加自由。"[29]190 这一观点也在巴里·基思·格兰特编撰的《电影大百科全书》中得以验证，格兰特认为，技术进步（战时及以后）给予制作者更多的自由，因为电影新型胶片的进步能捕捉更广的光谱范围（capture a wilder range of light than previously），能选择更多不同色温的灯、更轻的摄影机和更好的镜头[21]223。

相较于传统艺术材料，即书画的纸张、雕刻用石材、乐器的材质等艺术创作产生的作用，电影胶片对艺术创作所起的作用更加显著和突出。这是因为胶片技术是综合了化学、物理、光学、制造工艺等不同学科的现代科学技术的结晶，具有细致、复杂的感光特性。每一种感光胶片都会对电影摄影产生重大影响，甚至开创一个电影美学的时代。所以，胶片的感光性能始终是电影摄影师关注的对象。琳内·格罗斯（Lynne Gross，**本书引用的参考文献译作琳恩·格劳丝**）指出，电影胶片的选择对技术和艺术的影响比录像带的选择大得多。电影胶卷本就是摄影机的成像组件，选择特殊类型的胶卷对摄影机的成像效果有深远的影响。

胶片的数次革新，有时是一种量的改变，有时是一种质的飞跃。每一次革新都处于新旧科学技术、艺术诉求、经济利益、实践检验等因素相互作用的复杂的关系网中。在这个复杂的关系网中，电影胶片对光线创作的作用体现在两个方面。一是摄影师对于电影胶片选择的重视。在电影创作的筹备阶段，如何选择感光材料和后期洗印工艺是摄影师必须考虑的问题。摄影师在拍摄前，在总体构思之后，第一步确定的往往是感光材料、曝光、冲洗，然后才确定使用什么样的镜头、灯光、运动和构图等。二是选用不同的胶片会在一定程度上影响电影影像的特征，促成不同的影像风格。

所以，感光材料的选择往往是一种创作手段的体现。摄影师曹郁在一次创作访谈中表示，电影是一种以导演为核心的共同合作的艺术创作，摄影风格受到很多因素（如色彩、运动、调度等）的影响，但是真正能够特别方便地形成摄影风格，形成影像质感的，却是感光材料的运用[30]22。所以，曹郁认为感光材料的选择是电影摄影师的风格中最核心的物质部分。他继续举例说明，如果《七宗罪》（Seven，1995）的摄影师不采用ENR工艺 [以发明者埃内斯托·诺韦利-雷蒙（Ernesto Novelli-Raimond）命名，是一种正片留银工艺]，不在拍摄之前采用前闪技术，不是那种特定的曝光方式，就不可能有那种特有的效果。为了更好地说明这个道理，曹郁做了一个假设，假如《七宗罪》更换导演，不换摄影师，虽然故事、镜头分切、运动和表演都变化了，但是影像的感觉是不会变的，我们还是能够看出摄影师独特风格的烙印。

（一）黑白抑或彩色

在彩色片的时代，为什么仍然有很多摄影师选用黑白底片拍摄呢？这是因为黑白影像的光线结构和质感相较于彩色影像更为独特。比如，《野草莓》（Wild Strawberries，1957）具有高反差的黑白影像效果（high-contrast black and white cinema to graphy）[31]，相反，假如《野草莓》采用柔和、低反差、灰阶丰富的影像就不是目前的《野草莓》了。《野草莓》的这种影像是采用了高反差的底片、过度曝光、洗印过程的特殊处理等技术手段获得的。

罗伯特·L. 卡林格（Robert L. Carringer）认为，《野草莓》采用的技术手段是轻微的过度曝光和较快的胶片速度[32]。

对于《野草莓》在洗印阶段的技术手段，该片摄影师贡纳·菲舍尔（Gunnar Fischer）说："在洗印阶段采用了高对比的办法，使得白色变得夺目，灰色变得更黑，黑色变得漆黑，以至于影像的边缘变得模糊。"（It gave a high-contrast development to the film stock at an intermediate stage of printing, causing whites to glare, grays to become blacker and blacks to become pitch-dark so that their edges fuzz out into surrounding lighter areas.[33]）

李·R. 波布克（Lee R. Bobker）对《野草莓》的影像做出这样的分析，认为该片"胶片的极高的感光度、粗粒子和强烈的黑白反差创造出了一个我们所有的人都能体验到的噩梦。街上的墙壁闪闪发光，白得令人难以忍受；黑影幢幢，阴森可怖。最重要的是，在一个画格内的这种反差幅度创造出了一种出色的非真实，正如同样一些元素在《阿尔及尔之战》（The Battle of Algiers，1966）中创造了出色的真实一样"[34]。

所以，《野草莓》的影像特征和摄影师采用的胶片特性以及相关的技术手段息息相关，可以说，没有相关的技术手段的支持，《野草莓》

的影像特征就很难呈现。

在摄影技术比较发达的数字化时代，精通数字技术的电影摄影师曹郁仍然重视感光材料的能动性，他坚持认为，感光材料的选择对于摄影师风格的形成"特别省事"，就是特别容易，特别快[30]22。如同前文所述，他的意思就是，电影感光胶片是影片特定风格形成的一种手段。

同样的，《辛德勒的名单》的黑白影像给观众留下深刻印象。互联网电影数据库（IMDb，Internet Movie Database 的缩写）的资料显示，该片采用黑白底片拍摄，用黑白底片冲印。拍摄用的底片主要是Eastman Double-X 5222，它的推荐感光度是 ASA 200（钨丝灯），按照 ASA 100 拍摄。冲印底片采用全色片冲印。高感光度胶片按照低感光度拍摄，这样的选择和处理必然强化了影像的细腻程度。"从 5296印到全色胶片上，扩展了灰色范围——没有粗颗粒，没有灰雾——那结果是惊人的"[29]190。

在电影色彩领域，摄影大师维托里奥·斯托拉罗（Vittorio Storaro）对电影色彩的美学理解和技术呈现已经达到哲学高度。他对电影色彩的研究，既有理论的阐述也有丰富的实践经验，尤其是对感光材料的运用颇有体会。他说："我很在乎的，是我所使用的元素是我的想法、我对光线的运用，以及观众之间都隔了一层。我指的元素是不同的镜头、摄影机、底片、冲洗、印片……"[35]。他认为摄影感光材料的每一点进步对于摄影师都是机遇和挑战，"冲印厂的标准每天都在改变，底片上的宽容度每天都不同，底片药膜的结构也是如此……甚至遮光板的高低的细微差别也会改变这部电影"[35]。

但是在电影摄影的历史上，摄影师对于底片的美学功能的自觉意识并不是一步到位的。在出版于 1969 年的《怎样选择和使用彩色胶片》（*How to Choose and Use Color Films*）一书中，作者莱斯利·汤姆森（Leslie Thomson）抱怨，当时的摄影师在使用彩色胶片的时候不注意彩色和黑白的区别，也缺乏对不同类型彩色胶片之间的不同感光性能的认识。他说，许多电影摄影师或许会把他手上的摄影材料看作是理所当然的。他分析道，黑白底片充满灰色的影子，这并不是自然界真实具有的样子，那为什么很多摄影师选用黑白底片拍摄呢？这是因为选择黑白和彩色胶片本身就是一种创作意图的体现[36]。

正确选择底片是为了更好地利用这种底片的特性。莱斯利·汤姆森认为，如果选取了彩色底片，电影摄影师要想获得稳定的影像效果，必须至少掌握彩色胶片的结构、功能的基本特征（must acquire at least an elementary understanding of the construction, function and character of color film）。他继续论述：否则，摄影师拍摄了很多的素材，可能很多都是不能使用的，造成艺术创意上和经济上的损失[29]18。

（二）感光性能考量

胶片是摄影的感光载体，它和摄影机、镜头、灯光以及放映设备共同影响着电影的影像风格。我们考量胶片感光性能的因素有还原性、反差度、宽容度、感光度、感色性等[29]9。下面，围绕胶片的感光度和感色性这两个因素论述。感光度（sensitivity 或 speed）是一种表示感光材料对光或者对辐射线灵敏度的参数，是决定正确曝光的基础[37]。通俗地说，感光度就是胶片对光线的敏感程度。通常，在同等外部条件下，胶片感光度越高，对于光线越敏感，反之越不敏感。

胶片感光度经历了缓慢的发展过程，和化学感光技术的发展密切相关。在20世纪的电影摄影发展史中，由于早期电影胶片的感光度很低，故而胶片感光度的革新对电影摄影的影响特别大。即使在胶片感光度已经高度发展的20世纪80年代，研究者和摄影师们对于感光度仍然十分重视。高礼先在20世纪80年代初期认为"大家经常可以在银幕上看到的一种光效：黑夜，一只油灯或一支蜡烛被点燃后，人脸变亮，这类画面效果多数是由一只可变亮度的照明灯来完成的。……之所以要用假效果，其主要原因有二：一是油灯或烛光亮度太低，用一般摄影镜头拍摄不能收集足以使胶片感光的光线；二是胶片感光度也不够高"[38]。感光度影响摄影创作的具体过程将在接下来的几章集中论述。

感色性（color sensitivity）是另一个用于衡量胶片感光性能的因素，指的是黑白摄影的感光材料对不同波长的光线的敏感程度。根据感色性的不同，黑白胶片可分为四种，见表1-2。

表1-2　四种不同感色性的黑白胶片

胶片种类	波长范围（纳米）	感光色彩
色盲片	330 ～ 480	蓝紫光
分色片（正色片）	300 ～ 600	紫、蓝色光
全色片	330 ～ 700	一切可见光，对绿色略为迟钝
红外线片	750 ～ 900	红外光

因此，在世界电影史上，黑白电影底片有正色片和全色片之分。虽然同是黑白底片，正色片对蓝色光谱最敏感，因此，蓝色物体在影像上呈现灰白色；对红色不敏感，因此，红色物体在影像上呈现为黑色。然而，全色底片对所有光谱都敏感，就不存在这样的问题。因此，在正色片时期，摄影创作就必须和美术、服装、化妆和道具部门密切合作，把演员和场景的颜色涂成相应的颜色，以求得到理想的影像效果。

不同品牌的底片，其感光性能也往往不同。电影《走出非洲》（*Out of Africa*，1985）的摄影师大卫·沃特金（David Watkin）选择了爱克发320胶片，而不是常用的柯达胶片，因为这种胶片的显色性更符合他的需求。他认为，爱克发320胶片"可以在高音区找回三个音阶，这就几乎不能曝光过度，它保留了强光部分，比柯达的柔和多了。你可以得到八种不同的绿色和二十多种中间色调，在很硬的阳光下，实际上在赤道上，阳光看上去绝对的漂亮，令人陶醉。感光度对于生片来说并不是最重要的，最重要的是它在银幕上的视觉效果如何"[29]99。

不同尺寸的底片的感光性能自然存在差异。通常，35 mm底片是主流电影拍摄采用的宽度，16 mm及其他窄胶片的电影多用于实验电影、团体非商业拍摄（如企业组织宣传用）和学生练习，其中的原因就是窄胶片的感光性能达不到商业放映的标准。当然，也有个别电影采用16 mm及其他窄胶片拍摄再转制成35 mm放映，虽然数量极少未成气候，但还是有些摄影师利用窄胶片的特点，创作出了影片需要的、特定的影像风格。比如，《爱情是狗娘》（*Love's a Bitch*，2000）采用超 16mm 拍摄，影像的颗粒感十分强烈，创造出粗粝的、高对比的墨西哥贫民窟的视觉形象。

在现在的电影摄影创作中，摄影师还面临一个现实问题，就是如何选择数字和胶片作为感光载体的问题。其实，这个问题本身已经在一定程度上说明感光载体的能动作用，即技术对影像的影响。数字的光线创作和胶片的有什么不同？通俗地说，布光有什么区别？其实，二者差别很大，涉及二者感光载体的感光度、显色性，特别是宽容度的问题。现在电影数字摄影机的感光度很高，但是宽容度较低，这就要求数字影像的摄影师要控制好反差，才不至于出现曝光问题。因此，数字的电影摄影需要特别的柔和光质，相反，直射光会放大数字影像的短处。所以，曹郁在访谈中说，硬光让数字影像反差加大，受光面是平的，失去细节，现在的胶片会好很多。数字的要求你打个反射或者换个反射材料才可以获得质感 [30]24。他认为，对于数字影像来说，对反差和质感的控制尤其重要。这是由数字成像本身的特点决定的。数字的曝光是线性的，胶片的弹性更大一些。这种感光特性的不同特点决定了摄影师在使用数字和胶片的时候采用的具体曝光技巧也是不同的，比如数字高清的摄影机即使配备电影镜头，出来的光线效果与胶片出来的相比，在影像质感上还是偏硬。

二、作为影像造型基础的照明技术

从历史的角度来说，电影照明灯具的发展可以分为三个阶段。

（一）低压汞蒸气放电灯管

早期的电影先驱者们使用的电影照明灯具是低压汞蒸气放电灯管，主要目的是代替太阳光，降低不良天气和自然光早中晚变化的影响。所以，这种灯光的目的是尽力弥补太阳光的不足，竭力向太阳光靠拢。

此时，自觉的电影摄影造型意识尚未出现。

（二）弧光灯照明

弧光灯和汞蒸气灯不同。早期弧光灯的特点是亮度较高、点光源、照明角度比较明确，这有利于形成比较细致的光线变化（光比、明暗），由此电影造型开始出现。大功率碳极弧光灯发出的主要是直射光，所形成的影像就偏向于硬光，这样更适合表现大的纵深场景和男演员硬朗的外形。

"三点布光"在弧光灯时代确立，恰是因为弧光灯的硬光特点。弧光灯照明的影像大多具有清晰明朗的边缘，为了弥补这种太过明显的硬光，不得不采用多点布光获得立体的、相对多变的、较为柔和的影像效果。为了进一步柔化影像，在弧光灯时代，摄影师往往在镜头前面加装厚重的柔光镜，形成那个时代的"软焦点"（soft focus）效果。

在1927年之前，碳极弧光灯是早期电影照明灯具中的主力军，其中的决定因素是1927年之前各大电影企业采用的电影底片是正色片，而碳极弧光灯和正色片的感色性匹配，相反钨丝白炽灯与正色片不匹配，所以，虽然碳极弧光灯有很多缺陷，如有工作噪声、光线暗淡生硬等，但还是成为正色片时期的主流灯具。

染印法［Technicolor，又称"特艺色""特艺七彩"，由成立于1915年的特艺色公司（Technicolor Motion Picture Corporation，简称Technicolor）研发并垄断］是一种比较真实地还原色彩的彩色电影工艺，特别是在三胶片系统出现之后，占领市场达到20年之久（大致时间段是1932—1952）。染印法的色温要求是5500K，而钨丝白炽灯的色温一般在2760K～2900K之间，如果沿用钨丝灯就不能达到色彩的正常还原；同时，"亮度不如弧光灯的钨丝白炽灯具无法用于实际电影拍摄"[28]142；并且，染印法的摄影机是专用的摄影机，安装有分光棱镜和滤光镜，这样的话，底片的实际感光度只有ASA5左右。因此，大功率的弧光灯重新占据彩色摄影用灯具领导者的位置。而在彩色影片中，由于极低的感光度和染印法对色彩的迷恋，染印法摄影的重点在于拍摄时的照度而非影像造型，使得摄影师对照明的要求又退至早期电影造型的初级要求。

（三）钨丝灯照明

1927 年全色底片成为主流之后，为了解决感色性匹配的问题，钨丝灯才在全色片领域成为主力。好莱坞歌舞片《百老汇》（*Broadway*，1929），是第一部完全使用钨丝白炽灯拍摄的影片。从此，钨丝白炽灯开始占领电影摄影灯具市场。钨丝灯盛行的时期，正处于摄影"三点布光"流行时期。在这个时期，虽然也在继承"三点布光"的方法，但是影像的气氛已经与以往不同。这是因为钨丝灯的发光体面积较弧光灯的大，光线比弧光灯的柔和，所以在照明的时候不必采用那么多的柔光镜。如果需要把硬光转变为柔光，采用漫射材料即可达到目的，这样形成的影像的焦点十分清晰；如果需要形成低对比度的影像，只需要控制主副光的光比就可以了。同时，"使用的全色黑白胶片有着比以前更高的感光度，使用的镜头是最大光孔达到 f/2 的高速镜头，再加上当时的底片冲印技术可以使影像比以前更为柔和自然"[28]142-143。这些技术的变革和进步共同促进电影光线的改变。这些都是和电影技术的发展分不开的。而钨丝灯时代的照明方法已经和现在的照明方法基本一致了。

充气钨丝灯和卤钨灯的白炽光源又有了进步，具有亮度易于控制、方便调整角度等优势，摄影造型更加多样化，能形成不同强度和质感的影像，更加便于电影摄影造型意识的整体传达。

20 世纪 40 年代，黑白电影的主流灯具是钨丝白炽灯，钨丝灯重新返回摄影灯具大家庭。这是因为柯达在同时期推出了钨丝灯型平衡色温的现代彩色底片，由此，1950 年之后的摄影出现了两种不同类型的灯具照明：一是日光平衡型彩色胶片搭配弧光灯，用于拍摄日景；二是钨丝灯型平衡色温的现代彩色底片搭配钨丝白炽灯，用于拍摄夜景和内景。这种不同灯具照明交替的摄影方式沿用至今。不同的是，现代的这两种灯具都做了升级，钨丝白炽灯升级为卤钨灯，弧光灯升级为金属卤化物灯。

钨丝白炽灯的优势有三。一是调压器可以对光线做从零到最大化的照明调节，这是碳极弧光灯和低压汞蒸气放电灯都不具备的优势。二是轻巧灵活，小型的场面和人物特写就可以使用它。三是钨丝白炽灯的发光体体积比较大，发出的光线比较柔和，用于拍摄演员的面部特写就更加有效，便于控制照明区域、光比、明暗，形成更加细腻的照明风格，更好地营造气氛，传达情绪。可以说，虽然亮度不如弧光灯，但是"正是钨丝白炽灯具的一系列优点使摄影师、灯光师通过艺术创作实践，对于电影照明用光的理解更进了一步。整体用光风格更趋向有丰富的光区明暗设置和细腻的光比变化"[28]143。

钨丝白炽灯的体积小，便于携带，架设方便，使得战后"意大利新现实主义"电影流派需要的完全实景拍摄成为可能。拍摄方法上的不同，直接导致了摄影风格与棚内摄影的不同。这种风格的电影摄影注重光线结构的现实性，具体到光线上，主要是注重光线来源的真实性和整个光线氛围的现实感，例如"意大利新现实主义"电影的摄影主要采用现有光源。"在打光的范围和强度上非常谨慎，尽量追求不露出用光的痕迹，保持现有的光线结构。用光理念的变化，促使摄影师更为仔细地去观察实景环境下不同光线质感、强度的变化，以求在摄影用光上尽量接近实际环境的现场光效。在 1948 年上映的《偷自行车的人》（The Bicycle Thief）中，摄影师卡洛·蒙托里（Carlo Montuori）就本着尽量使用现场光的原则，除非是亮度不够或是亮暗间距过大已经超出胶片的宽容度，才会谨慎地根据拍摄现场的光源情况来使用人工照明，并尽力降低画面中人工光的痕迹"[28]144。

在给人物正面补光时，尽量使用斜侧面高角度打光，以避免人物光落在后墙上，影响其原有的亮度关系。虽然这种自然光效的用光理念也许早已在电影创作者心中存在，但是直到有了钨丝白炽灯具以及其他一系列技术条件的支持，他们才开始了实践[28]144。

同样，法国新浪潮电影的代表作《筋疲力尽》（Breathless，1960）就是使用漫射光技巧在实景中拍摄的，连内景也在真实的内景拍摄。该片故事发生在很小的法国公寓里，公寓的面积往往比较狭小，除却故事表演空间，有时只能保留 1 ~ 2 m² 的空间给灯光。面对这种拍摄环境，摄影师拉乌尔·库塔尔（Raoul Coutard）根据多年的纪录片拍摄经验，采用图片摄影用的反光式钨丝白炽灯泡，让它直射到包有锡箔纸的天花板再散射下来。这种反射光线对底片的感光十分有效，还可以提供整体性的柔光，用来模拟某个特定位置发出的光源——比如从窗户透进来的光。这种摄影方法既解放了摄影师，也解放了演员，演员的调度变得很自由。当然，这种打光方法和法国新浪潮时期的其他技术分不开，比如大孔径镜头、高感光度底片、较低功率的小型钨丝白炽灯具，除了直射光，还可以提供更丰富的漫射光和反射光。

钨丝白炽灯的钨丝蒸发，会在灯泡的内壁结上一层黑色的挥发物，影响光线的输出。虽然在1913年之后采用了充气技术，普通充气钨丝白炽灯使这种情况有所缓解，但是并没有太大改观。

1960年，美国通用电气公司推出了第一批使用石英玻璃制作玻壳的卤钨灯。卤钨灯发光效率高，体积小，色温稳定为3200 K，很快就在电影专业灯具领域全面替代了普通充气钨丝白炽灯。由于卤钨灯的体积很小，能模拟实际的小光源，比如油灯、日常照明用灯泡。在卤钨灯出现之前，摄影师早就有模拟小光源的愿望，但由于真实小光源的照度太低，根本无法满足电影摄影的需要，只有通过其他办法代替，比如使用真实的小光源，再布光，但这样的影像很难达到真实效果。卤钨灯出现之后，就能将其改装，形成小光源。电影《天堂岁月》（*Days of Heaven*，1978）中的农夫们手拿油灯去抓蝗虫的场景，就在油灯里藏了小型石英灯泡。演员的衣服里也有电池系在腰带上，电线藏在他们的衣服里。为了更具真实感，油灯的玻璃还被染上橙色，所以石英灯的白光就有油灯的暖色调了[39]。当然，这种灯光再配合柯达的5247（感光度达到ASA 100，钨丝灯色温平衡），强显到ASA 200。

笔者提出电影照明灯具应用对电影用光的影响，并不意味着否定摄影师的价值，技术的革新会带来电影形式的突破，但电影艺术动人的光影魅力则完全来自电影创作者对艺术的执着追求。事实上，回顾电影灯具的发展，很多器材的应用都得益于摄影师、导演等艺术创作者的推进。通常会出现的情况是，当摄影师对现有照明灯具所表现出的光线效果不满意时，就会寻求工程技术人员的帮助，挖掘现有灯具没有被人们认识到的潜力；当这种大胆的探索取得效果时，电影照明灯具的领域就又得到了扩展。现在，电影照明灯具已经拥有丰富多样的种类与规格。

三、光线造型的时代性

虽然有些场景的灯光效果，即使专业的摄影师也很难确定它是采用什么灯光拍摄的，但我们能够通过影像的结果去追溯摄影师是如何创作的。这个追溯的过程，对于电影摄影的专业人员来说，其实就是一种研究的过程——需要去追查摄影师如何使用摄影材料，如何把自己的艺术构思诉诸实践，具体来说，即他（她）采用的镜头是什么情况，如何使用灯光，如何调整灯光的色温、功率等参数，在洗印阶段如何控制影像的曝光、对比、色调等问题；在艺术构思上，他（她）的影像追求是什么，参考了哪些既有的视觉作品（绘画的、影像的）；等等。我们常说，"电影是魔术"（当然，在学术领域，严格来说，电影和魔术在本质上是不同的）。观众看到的是魔术的最终效果，而只有设计和表演魔术的专业人员才会真正关心这个魔术是如何创造出来的，以及这种手法和其他手法有什么不同。

然而，在电影摄影的物质材料层面，摄影师能利用的手段可以说是固定的和具体的。摄影师能利用的摄影物质材料无非包括这样几个方面：感光材料（胶片，包括底片、正片、中间片等，数字电影的感光元件）、摄影机及镜头、光线（自然光线和人工光线，后者包括各种专业的照明灯具）、洗印过程、电影的放映条件（放映机的放映质量、银幕的物理特性）。在实际创作中，摄影师的艺术构思总是围绕这些摄影物质材料进行的。

虽说艺术想象是无限的，艺术无定法；但是，在艺术创作领域，无限的艺术想象必须建立在有限的、具体的、历史的、物质的摄影材料之中。

电影诞生之后的 100 多年来，电影技术经过了不计其数的革新，其中重大的技术革新在摄影影像的整体上改变了电影的风格，形成了电影发展的不同历史时期，这意味着技术成为划分电影分期的标准，比如无声电影到有声电影、黑白电影到彩色电影、单声道到立体声、2D 到 3D 等等。其实在这些技术变化之中，照明方法的变化并没有想象的那么大，无非还是沿用了近百年的传统照明方法或是这些方法的改良，比如主光、辅光、轮廓光、逆光等，照明的技术变化也没有摄影机和胶片来得那么频繁。

但是，不同时代的电影的光线风格还是具有较为明确的时代性的。为了尽可能达到对比的科学性，当我们选择不同时代的电影来对比时，应尽量确保其他变量相同。比如，对比《宾虚》（*Ben-Hur*，1959）和《角斗士》（*Gladiator*，2000）的影像特点，我们可以发现二者具有明显的不同时代的特点，即使是普通观众也能感觉到不同时代的光线上的不同。同样是无声电影，吕米埃的《火车进站》（*The Arrival of the Mail Train*，1896）和希区柯克的《房客》（1927）在电影影像上就十分不同；同样是彩色电影，《西北偏北》（*North by Northwest*，1959）和《现代启示录》（*Apocalypse Now*，1979）就差别很大。

《蝴蝶梦》（*Rebecca*，1940）是希区柯克赴美后的成名作，采用的是一种典型的经典好莱坞时期的布光方法，即"五光俱全"（"五光"即主光、辅助光、眼神光、轮廓光和背景光）的布光方法，形成一种精雕细琢的、精致的光线风格。现在看来，其光线的来源没有逻辑，光影关系混乱，没有现实依据，并且影片的光质偏硬，但是为了符合好莱坞电影的行业传统，摄影师需要在镜头前面附加柔光镜，以改变这种偏硬的光线特点。光线的软硬是由光线的照射方向决定的，硬光是由于光线的直射。所以，把直射光改为漫射光才可能出现柔光的影像。

早期电影摄影对光线的要求是满足底片曝光，还没有明确的造型意识。当时照片领域对光线的开发已经到了一个明确的影像造型阶段，绘画领域的造型意识已颇为成熟，但电影的造型意识还没有起步。

摄影的量是照度和亮度。摄影的形是改变光线的方向、面积、位置等。摄影的色是光线的色温。摄影的质是什么？一般用软和硬表示，但是软和硬是一种感觉上的、无法测量的东西。

"早期电影摄影师受制于胶片的感光度太低，大量采用直接的光线，形成硬光，因为低感光度的胶片需要足够的光线才可以完成曝光。如果再经过柔光设备（如柔光布、反光板），光线损失就会增加，因此，满足曝光成为第一要义"[40]204。电影自诞生起就是那样的光效，观众自然先入为主地觉得那样的电影光线才是正常的，虽然观众也知道实际的光线并不是那样的。

柔光照明是由印度的苏布拉塔·米特拉（Subrata Mitra）首次使用的[40]205，原因是他不喜欢摄影棚里有无数混乱的影子。当时照明的方法是：将白布绷在一个自制的架子上，灯光通过白布打过去，模拟出自然柔和的太阳光效果。

库塔尔这种没有阴影的反射光照明，和现实的光源依据也是不同的。所以阿曼卓斯开始强调光线的现实来源，参照窗户和室内光源的位置进行创作。这种注重现实依据的光源的特点就是"时间感觉的视觉化"。之前的光线给观众带来时间的抽象概念，往往通过其他形式说明；之后的光线给观众带来时间的视觉化，观众可以通过影像的气氛自主形成时间的感觉。这样一来，观众对影像气氛的感知会更加投入、更加真实。

很多摄影师强调光线的合理性，其原因有以下两个：一是光线的观念发生变化，二是照明灯具和灯光附件的技术革新。阿曼卓斯时期的胶片感光度和灯具的功率都变大，这就使得光线不再直接照射，完全可以经过漫反射改变光线的照射方向和强度，之后依然可以满足正常曝光的需要。

单个灯具的功率大小对于照明还是很重要的。单个功率不够的话，就得将多个灯具合在一起使用，形成大的照明强度，但这样很容易形成混乱的影子。中国电影集团引进了 10 万瓦特的 HMI（H，水银；M，介质弧光；I，碘）灯具解决这一问题。

本章参考文献

[1]   贡布里希. 艺术的故事 [M]. 范景中, 杨成凯, 译. 南宁: 广西美术出版社, 2015: 15.

[2]   STECKER R. Aesthetics and the philosophy of art:an introduction [M]. 2nd ed. Maryland: Rowman & Littlefield Publishers, 2010:16.

[3]   邵牧君. 电影新思维: 颠覆"第七艺术" [M]. 北京: 中国电影出版社, 2005: 130.

[4]   DELKESKAMP-HAYES C. Science, technology, and the art of medicine: European-American dialogues [M]. Berlin:Dordrecht, 1993: 7.

[5]   CRABB G. Universal technological dictionary[M]. London:Baldwin, Craddock and Joy, 1823.

[6]   STRATTON J A, MANNIX L H, GRAY P E. Mind and hand:the birth of MIT [M]. Cambridge: MIT Press, 2005: 182.

[7]   SCHATZBERG E. Technik comes to America: changing meanings of technology before 1930[J]. Technology and Culture, 2006, 47(3): 486-512.

[8]   BAIN R. Technology and state government[J]. American sociological review, 1937, 2(6): 860-874.

[9]   欧克肖特. 政治中的理性主义 [M]. 张汝伦, 译. 上海: 上海译文出版社, 2004: 11.

[10]   夏征农. 辞海 [M]. 上海: 上海辞书出版社, 1999:300.

[11]   BORGMANN A. Technology as a cultural force: for Alena and Griffin [J]. The Canadian Journal of Sociology, 2006, 31(3): 351-360.

[12]   米耶. 技术与美学 [J]. 单万里, 尹岩, 刘娄, 译. 当代电影, 1987(2): 61-73.

[13]   胡潇. 守望精神家园: 文化现象的哲学叩问 [M]. 长沙: 湖南大学出版社, 2011: 194.

[14]   杜夫海纳. 审美经验现象学: 上 [M]. 韩树站. 译. 北京: 文化艺术出版社, 1996: 116.

[15]   赫德森, 努南-莫里希. 如何撰写艺术类文章 [M]. 潘耀昌, 潘锦平, 钟鸣, 等译. 上海: 上海人民美术出版社, 2004: 27-46.

[16]   狄更斯, 格瑞菲斯. 艺术, 怎么一回事? [M]. 汪瑞, 译. 杭州: 浙江大学出版社, 2012: 169.

[17] 杨皓. 论文字载荷材料对书法艺术特征的影响 [J]. 天水师范学院学报, 2008, 28 (4)：104.

[18] 卡温. 解读电影：上 [M]. 李显立, 译. 桂林：广西师范大学出版社, 2003.

[19] 崔君衍. 现代电影理论信息：第二部分 [J]. 世界电影, 1985 (3)：59-81.

[20] 卫克斯曼. 电影的历史：第 7 版 [M]. 原学梅, 张明, 杨倩倩, 译. 北京：人民邮电出版社, 2012：1.

[21] GRANT B K. Schirmer encyclopedia of film[M]. New York: Schirmer Reference/Thomson Gale, 2006.

[22] SAMUELSON D. Strokes of genius[J]. American Cinematographer, 1999, 80 (3)：166.

[23] LACEY N. Introduction to film[M]. New York:Palgrave Macmillan, 2005:205

[24] 曾念平. 论摄影物质材料的美学功能 [M]// 崔君衍, 张会军, 王秀. 北京电影学院硕士学位论文集. 北京：中国电影出版社, 1997：1-70.

[25] 波德维尔, 汤普森. 电影艺术：形式与风格：插图第 8 版 [M]. 曾伟祯, 译. 北京／西安：世界图书出版公司, 2008：54.

[26] 刘永泗. 影视光线艺术 [M]. 北京：北京广播学院出版社, 2000：6.

[27] 张铭. 感光材料的性能与使用 [M]. 杭州：浙江摄影出版社, 2003：1.

[28] 袁佳平. 电影照明灯具发展与摄影用光的互动 [J]. 电影艺术, 2010 (4)：141-149.

[29] 梁明, 李力. 电影色彩学 [M]. 北京：北京大学出版社, 2008.

[30] 巩如梅, 张铭. 制造的影像：与十五位电影人对话数字技术 [M]. 北京：中国电影出版社, 2010.

[31] Bordwell D, Thompson K. Film art:an introduction[M]. New York:McGraw-Hill Education. 2012:161.

[32] CARRINGER R L. Film study guides, nine classic films[M]. Champaign, IL: Stipes, 1975:130.

[33] Leitch M. Making pictures: a century of European cinematography [M]. New York:Harry N. Abrams, 2003:252.

[34] 波布克. 电影的元素 [M]. 伍菡卿, 译. 北京：中国电影出版社, 1986：59.

[35] 谢弗, 萨尔瓦多. 光影大师：与当代杰出摄影师对话 [M]. 郭珍弟, 邱显忠, 陈慧宜, 译. 桂林：广西师范大学出版社, 2003：297.

[36] THOMSON L. How to choose and use colour films[M]New York: Amphoto, 1969:7.

[37] 马守清. 现代影视技术辞典. [M]. 北京：中国电影出版社, 1998：204.

[38]　高礼先．国产大光孔高纳光本领电影摄影镜头试拍侧记 [J]．电影技术，1982(5)：24．

[39]　阿曼卓斯．摄影师手记 [M]．谭智华，译．台北：远流出版事业公司，1990：160．

[40]　穆德远，梁丽华．数字时代的电影摄影 [M]．北京：世界图书出版公司北京公司，2011．

第二章 技术与规范：电影技术标准化

笔者认为，标准化可视作一种关于科学、技术和实践经验的总结，是为了在一定范围内获得最佳秩序和效率而制定，参与者共同遵守的规则。作为一种行业规范，标准化是为了确保技术的规范化和确定性，增强技术合作和交流的工业现代化的措施。行业标准一旦制定，就具有一定强制力或约束性，执行标准的主体一般是行业的协会或是单独设立的委员会。

早在科学技术史初期，人类就有将社会认可的工具标准化的愿望。中国秦代就以行政命令的方式统一了文字、货币、计量工具和计量单位。宋代出现的活字印刷术其实也是一种文字印制上的规范化。第二次工业革命之后到 20 世纪初期，工业化的发展促使标准化进入有组织的阶段；而这一时期恰好是电影的诞生时期，也是电影标准化的开始阶段。

电影是一种建立在科学技术基础上的现代工业产品。电影技术标准化是电影进入现代工业领域的重大标志。电影技术形成标准化的规范对于制作者、生产者和消费者来说都是必然的。

第一节 工业规范：电影技术标准化

电影是世界传播的媒介，标准只有推广到世界才真正具有价值。只有合作，电影制作才有可能进入现代工业阶段。1895 年吕米埃的电影公映后到 1909 年电影标准化开始前，英、法、美、德等电影先驱国家出现了各种不同规格的电影摄影机和放映机，不同尺寸的电影胶片也共存于市场。单是胶片宽度就有 35mm、9.5mm、16mm、21mm、28mm、17.5mm 等各种尺寸，胶片的片孔数量、形状、间距，以及胶片的画幅宽高比都不尽相同。因为经济利益竞争，各大厂商互不相让，这种混乱的局面反过来也影响厂商自身的利益，比如某个厂家的影片可能会因为胶片的片孔和尺寸不兼容，在一些地区的放映机上无法播放，从而影响收益。

同时，电影制作的标准化也是创作者的要求。标准化组织制定的行业标准具有前瞻性，一般倾向于将更先进的技术指标作为行业统一采用的标准。在电影发展初期，电影创作者厌倦市面上复杂的胶片规格，欢迎能够带来更好影像质量的胶片规格，而能带来较好影像质量的胶片确保了早期电影的影像品质。电影技术的标准化不仅使得电影制作不断脱离短片迈进长片制作领域，而且使电影影像的品质有了可以控制的工业标准。

欧美的电影技术公司在标准化进程中起到积极的作用，其不仅是电影技术的发明者、推广者和改进者，也是电影标准化的组织者。波德维尔指出，一份1916年的资料显示贝尔和豪厄尔公司（Bell & Howell）曾敦促电影工业相关管理部门对胶片的尺寸、片孔等定出标准 [1]252。唐纳德·J. 贝尔（Donald J. Bell）在1930年公开表示，他对电影工业的最大希望就是标准化 [1]264。在电影标准化组织和各大厂家的努力下，宽度为35 mm的胶片成为主流，直到今日。除了技术生产者的作用，行业协会也具有作用，比如美国电影工程师协会（the Society of Motion Picture Engineers，简称SMPE，**电视人加入之后简称 SMPTE**）和其他的一些标准公司一起对标准化做出了努力。

王少明在《电影技术标准化历程》一文中认为，电影为了进入电影市场，开展标准化是一条重要的途径，标准化减少或者消除电影放映之间的技术壁垒，胶片尺寸、放映机等技术因素得到统一，这样电影就可以在很多地区和国家进行推广 [2]。王少明在此处指的是电影的放映阶段。其实，电影技术的标准化发生在电影生产的完整阶段，涉及电影的前期筹备、拍摄阶段、后期制作和影院放映；随着家庭影院和网络发展，还涉及影院版本转换问题。数字时代的电影制作，技术标准化之争更是剑拔弩张，数字电影技术标准尚处于"前标准化"阶段，比如蓝光和高清之争、16:9和16:10之争等，不再赘述。

电影技术的标准化是电影制作向专业化转变的关键，但是并不十分明显；对于电影的观赏者来说，好像只有电影的声音、色彩和立体效果是明显的。在电影技术的标准化中，标准化是逐步递增的过程，并和技术的变革交织在一起。前文已经论述，电影技术的历史是电影材料变革的历史，那么，电影标准化的历程自有一条明确的主线，即电影材料的变革和标准。

英国电影摄影师大卫·萨缪尔森认为，电影史上大概有 20 ~ 30 种基础性的技术变革可以成为改变电影风格的纪念碑 [3]。电影技术的标准化无非发生在这些领域，不过，除却电影声音技术，电影技术的革新和标准化大致可以归为五个方面，这五大变革包括生胶片（raw film stock）、摄影机、发行与交换、影院技术、洗印技术 [4]139。

第二节　材料技术的标准化

在电影胶片领域，1909 年在美国召开的关于电影胶片尺寸标准化的自由协商会议，确定了胶片的尺寸、画幅比、片孔数、放映频率。具体规定有：统一采用 35 mm 的胶片宽度；每一个画格的两侧采用 4 个片孔；摄影频率和放映频率都是 16 格每秒；胶片面积是 24 mm × 18 mm，即 1.33:1 的画幅，这也是爱迪生公司（Edison）最早采用的画幅。次年，贝尔和豪厄尔公司推出精密 35 mm 胶片打孔机，使得胶片两侧 4 片孔孔位更加准确。1911 年，35 mm 规格标准电影系统出台，涉及电影摄影机、放映机、打孔机、连续接触式印片机，从此电影技术进入高度标准化时期。

一、感光材料的标准化

（一）胶片的几何尺寸

1. 宽度与画幅比

现在的电影胶片宽度（也称"影片规格"，film gauge）以 35 mm 为主流，但是在电影胶片标准化之前，胶片宽度的变化从未停止。吕米埃的电影首映之前，电影胶片宽度就有 90mm、68mm、19mm、54mm 等不同规格，其中的 90mm 胶片是艾蒂安－朱尔·马雷用于运动分析研究的。李念芦认为爱迪生的第一台电影视镜中使用的电影胶片宽度是 12.7mm，不过，爱迪生在第二台电影机器中便弃用 12.7mm 的胶片宽度而改为 11/8 in，约等于 35mm[5]。35mm 的胶片宽度随即由托马斯·爱迪生和乔治·伊斯门在 1889 年确定[6]，并由爱迪生按照这个尺寸申请专利。波德维尔和克里斯廷·汤普森（Kristin Thompson）补充的资料认为，这个尺寸是爱迪生的员工威廉·迪克森把乔治·伊斯门提供的胶片剪成 35mm，在每一画格的一边上穿了 4 个孔（两边各打 4 个孔），这样摄影机抓取更加顺利[7]16。其实，打孔和胶片的尺寸确定不是同时进行的，爱迪生在胶片上打孔要到 1892 年才出现。吕米埃的技术在爱迪生技术的基础上做了很多改进，但是没有改变这个 35mm 的尺寸，35mm 的胶片成为吕米埃和爱迪生电影拍摄的主流尺寸。

1907 年的自由协商会议认定 35mm 胶片为电影胶片的商用标准，同时还规定了影像的画幅。李念芦认为，至于为什么当初使用 35mm 没有人去考证了。该次会议规定了影像的面积为 24mm×18mm，这也是爱迪生当初使用的面积，电影放映影像的宽高比就此固定了，即 1:1.33；从此，电影胶片的尺寸和放映影像画幅就有了统一的可供交流的标准，在一定程度上扭转了影片格式混乱的局面。

但是，在世界范围内实行胶片尺寸的标准化还需要电影行业完成一系列的后续工作。1916 年 1 月 24 日，一个电影技术史上的重要机构——美国电影工程师协会（SMPE）成立了，标志电影技术标准化进入新的阶段。该协会于 1917 年制定了 15 项电影技术标准，新增了接片规格、摄影机频率、输片齿轮的规格等强制性规定。1925 年的巴黎国际电影会议正式确定电影胶片的宽度为 35mm[2]。

1927 年《爵士歌王》（The Jazz Singer）上映之后，为了给电影录音留下位置，胶片一侧留出大约 1/10 in（2.54mm）的窄条作为声迹位置。1929 年，美国电影艺术与科学学院（Academy of Motion Picture Arts and Sciences，简称 AMPAS）将无声电影胶片的影像尺寸改为

22 mm × 16 mm，画幅比例是 1:1.375，从而确定了有声电影的画幅比例；同时，为了确保电影录音和还音时高频不受影响，必须把无声电影原片的画幅频率提高到 24 格每秒。

35 mm 胶片逐渐标准化，但是，各种新型的非 35 mm 的电影胶片不断涌现。早在 1914 年，柯达开始试验 16 mm 电影底片，其优势是采用醋酸盐片基，而不是硝酸盐的，在摄影机中运转两次，直接出正片而不需要从底片中印制；该底片 1923 年 7 月才开始投放市场，意在鼓励业余爱好者制作电影。这种格式对大多数业余爱好者来说太贵了，却成了学校教学和电影制作培训的一种选择，"二战"之后广泛应用于教育、军事训练、宣传等领域。进入 20 世纪 20 年代后，实验电影、独立电影等非院线电影普遍使用 16 mm 拍摄，著名的影片包括济加·韦尔托夫（Dziga Vertov）的《持摄影机的人》（*The Man with the Movie Camera*，1929），玛雅·德伦（Maya Deren）的《午后的迷惘》（*Meshes of the Afternoon*，1943），迈克尔·斯诺（Michael Snow）的《波长》（*Wavelength*，1967），等。

为了改善影院电影放映质量，与电视市场争夺观众，促使电影工业追求更高的视听质量以吸引观众重返影院，流行于 20 世纪 50 年代的 70 mm 电影，使用的底片是 65 mm 宽的胶片，拍摄完成后印在 70 mm 的胶片上，多出来的尺寸是为了给声音留下位置。70 mm 电影的宽银幕影院效果、高清晰的影像质量、高质量的电影声音输出，构成了五六十年代电影的新形态，代表作品有《宾虚》（1959）、《埃及艳后》（*Cleopatra*，1963）、《阿拉伯的劳伦斯》（*Lawrence of Arabia*，1962）等。到了 20 世纪 90 年代，由于 70 mm 的胶片成本太高，以及 35 mm 胶片的革新和数字声音加入，70 mm 电影数量减少；现在，只有 IMAX 电影才使用 70 mm 的胶片。显而易见，不同的胶片格式，需要不同的摄影机，因为它们必须能装进不同尺寸的胶卷。胶片宽度和片孔标准化之后，影像的宽度基本上就确定了，但是影像的高度如何确定？其实，画幅比例（aspect ratio）最初也是各不相同的，比如马雷的正方形的影像比例。电影工业确定画幅比，既是人类视觉习惯的需要，也是美学的要求，还是声音录制的要求。

为何选取不同宽度的电影胶片？这既关系到制作成本，也关系到电影创作的需要。在同等条件下，电影胶片的尺寸越大，胶片接受的光线越多，成像质量就越好，但是制作成本越高，反之亦然。因为70mm太贵，通常只用于拍摄大预算的史诗般的作品，可充分利用其更大动态银幕形象的优点。35mm胶片始终是主流电影的主要胶片，这是因为35mm的胶片平衡了制作成本和影像质量之间的矛盾。显然，成本低廉的16mm胶片一般适用于非电影院放映的电影，比如电视台的节目制作、商业广告、学生电影制作、军队和其他组织或机构的宣传教育使用。在磁带电子摄录机和数字摄录机普及之前，超8mm胶片的摄影机也是人们用于日常拍摄的主要工具，比如用于生日、宴会、旅游等场合。

2. 单本长度

20世纪之前的电影几乎都是短片，吕米埃时期的电影不过1分钟，往往是单镜头固定拍摄，拍摄于1903年的《火车大劫案》（*The Great Train Robbery*）才12分钟（按照18 fps频率拍摄）。有些电影采用零零碎碎的胶片，比如韦尔托夫的电影采用的是电影厂的剩余胶片，因此，他的拍摄就很难完成一个较长时间的镜头片段。现在，1本标准的35mm胶片的完整长度是1000 ft（304.8 m），按照正常频率拍摄可以达到11分钟左右，结束之后必须更换胶片才可以继续拍摄。希区柯克1948年的《夺魂索》（*Rope*）看起来好像是以单镜头完成的，其实是利用了摄影机和剪辑的技巧。所以，从单本胶片的长度限制来看，被誉为"一部电影一个镜头"的《俄罗斯方舟》（*Russian Ark*，2001）只能在数字技术时代采用数字影像拍摄出来。然而在电影诞生之初的1895年，1本柯达胶片的长度是65 ft（约20 m），布莱尔公司（Blair）的胶片长度是1本75 ft（约23 m）。有资料认为，如果需要再长的胶片，只能在暗房重新粘接，但是这种方法很少受到电影人的欢迎。一些动作场面比较多的电影会欢迎加长的胶片，有的可以通过加长，达到每本1000 ft。

1910年前后，世界胶片市场上的主要厂家是柯达、百代和布莱尔。

由于柯达胶片的技术可靠，1910 年之前电影拍摄基本上都使用柯达胶片，当时的电影镜头长度主要受到柯达胶片长度的影响。1914 年前后，美国确定的每本影片长度标准 1000 ft（304.8 m），成为世界通行长度 [2]，放映机片盒的容量也随之得以统一。

3. 齿孔

胶片齿孔是在胶卷的两侧或一侧排列的，是为摄影机或放映机抓取、输送所钻的孔。胶片齿孔涉及几项关键的技术，包括齿孔数量（film perforations）、运送装置（sprockets and claws）和销式定位（pin registration）。不同的胶片尺寸和胶片画幅，以及不同的需要，可以有不同的片孔参数。

在齿孔标准化之前，电影胶片齿孔处于混乱状态。波德维尔指出，为了确保电影胶片的输送更加顺利，形成稳定清晰的运动影像，爱迪生公司的员工威廉·迪克森把柯达胶片剪成 1 in（25.4 mm）宽，在每一画格的一边上穿了 4 个孔 [7]24。有时候，摄影师自己在胶片上钻孔，但钻孔太不准确会影响影像质量，所以摄影师只是偶尔为之。

胶片的片孔对电影摄影具有重要作用，有时人们就用每一格的片孔数字来表示某种胶片，比如 35 mm 胶片的学院格式是双边各有 4 孔，维斯塔维兴（Vista Vision，又称"深景电影"）是 8 孔，托德 - AO 系统宽银幕电影（Todd-AO）的 70 mm 胶片是 5 个片孔（30 帧每秒），IMAX 的 70 mm 胶片是 15 片孔。

（二）胶片片基的材质

1. 纸质胶片

早期的电影先驱者们采用的胶片非常易碎，只有采用专门的设备才能看到运动的影像，而且无法在公开场合放映，比如爱迪生的"电影视镜"（kinetoscope）就是只能供一个人窥视的视觉玩具。这是因为最初的感光材料坚硬而易碎。有些早期摄影师采用的感光材料不是后来的赛璐珞（celluloid）片基，而是纸质片基。有资料显示，迈布里奇的"连续摄影术"（chronophotography）、马雷的摄影枪，以及法国摄影师路易·A. 奥古斯丁·勒普兰斯（Louis A. Augustin Le Prince）采用的单镜头摄影机使用的底片均为纸质胶片[8]198。直到 1912 年，一些业余爱好者使用的摄影机还在采用由吉诺拉电影公司（the Kinora Film Company）提供的纸质胶片[8]231。

乔治·伊斯门在 1885 年率先创造出第一批柔软的胶卷，这批胶卷也是把感光乳剂涂在纸质的片基上，并被爱迪生使用在早期的电影探索中，比如使用在爱迪生的"黑囚车"（Black Maria）摄影棚中。

2. 赛璐珞胶片

电影只能诞生于对光线平滑、连续地拍摄记录。所以，电影胶片的柔韧性十分重要。电影摄影需要柔韧性较高的胶片。只有发明了柔软且不易碎的赛璐珞片基的胶片，电影才能真正诞生。赛璐珞胶片的发明和应用代替了玻璃、金属干板和纸质的胶片摄影技术，为电影的到来奠定了重要的材料技术基础。

在应用于摄影领域之前，"celluloid"是某种塑料的通用名词，其间经过英国摄影师约翰·卡尔巴特（John Carbutt）的实验。约翰·卡尔巴特的 15 in（381 mm）宽的胶片被爱迪生公司使用，但是对于电影拍摄来说太硬，柯达公司在 1889 年开发出柔软透明的电影胶片。

最早的电影胶片基本是用硝酸纤维酯制造的，也就是俗称的"硝酸片基"。作为一种低程度硝化的纤维素，硝酸片基可以提高有机物的氧平衡，大幅度加快燃烧速度，相当于把一部分氧化剂存储在了分子里。高度硝化的硝化纤维素是硝棉炸药。硝酸是炸药的主要成分，极其易燃，并且一旦燃烧很难扑灭。世界电影史中有许多关于硝酸胶片引起火灾的悲剧，1897 年发生在巴黎的那次最为惨重，伤亡人数惊人，其中有许多社会名流。在昆廷·塔伦蒂诺（Quentin Tarantino）的《无耻混蛋》（*Inglourious Basterds*，2009）结尾，一帮纳粹被堆积如山的电影胶片烧死；《天堂电影院》（*Cinema Paradiso*，1988）也有胶片失火的场景。后来，电影工业改为使用醋酸纤维，直到 20 世纪 50 年代，硝酸片基才全部停产，全面改用性能较稳定的醋酸片基。现在，电影拍摄使用的硝酸片基已经彻底退出历史舞台。

（1）柯达

1887 年，汉尼巴尔·W. 古德温（Hannibal W.Goodwin）推出了第一批以赛璐珞为片基的胶卷，从而使得电影摄影机和放映机捕捉和放映运动影像成为可能。乔治·伊斯门采用了汉尼巴尔·古德温的这种胶卷，由此，透明的塑料胶卷在 1889 年出现，它是一种硝酸纤维，通常被称为"硝酸胶片"。乔治·伊斯门给这种胶片申请了专利，在 1890 年形成工业标准。1889 年，柯达电影胶片率先用于拍摄，给爱迪生公司提供胶片，同时和吕米埃竞争。这是一种电影摄影和静照摄影通用的胶片，直到 1916 年才出现专门用于电影拍摄的电影类型（Cine Type）。1891 年，迪克森在爱迪生的指导下生产的第一台电影摄影机"电影视镜"，使用的就是柯达的硝酸胶片（柯达赛璐珞胶片）。1911 年之前，柯达成为世界电影底片的主要供应商，从生产数据来看，彼时的柯达每年提供 8000 万英尺（约 2000 万米）的胶片[8]231。数字电影时代的柯达开始转型，目前的主要业务是制作数字电影和生产放映设备。

柯达公司成功的主要原因，是柯达胶片适应了电影工业的需要，在技术上具有独特优势。资料显示，柯达公司在硝酸胶片实验的过程中，拥有专门的胶片技术研发机构，在 19 世纪 90 年代中期就雇用工程师，并建立了胶片实验机构。对于技术研发的重视，使得柯达的胶片技术在接下来的电影技术百年中一直遥遥领先。柯达在 1913 年率先推出全色片，在 20 世纪 20 年代推出反转片，之后陆续推出一系列快速专业的感光乳剂，20 世纪 50 年代推出彩色胶片，创建了成熟的感光测量理论[1]251。

（2）柯达的竞争者

比柯达公司 1889 年制造出硝酸胶片稍晚，布莱尔公司于 1891 年也制造出了硝酸胶片，是柯达公司在硝酸胶片制造领域的最初的竞争者。布莱尔公司的胶片从 1891 年开始供应给爱迪生的员工威廉·迪克森，他使用了长达 5 年。1893 年的专利权诉讼迫使布莱尔公司离开美国在英国建厂。柯达至此才开始接管爱迪生的胶片业务，逐渐从 1892—1893 年期间的困境中走出来，成为电影胶片工业的霸主。布莱尔公司主要供给欧洲市场，包括吕米埃的电影胶片。然而，1896 年，由于新的放映机需要更加透明的胶片，而布莱尔公司无法供应，吕米埃的胶片业务也被柯达公司接管。

（3）硝酸片基与醋酸片基

赛璐珞胶片的片基是硝酸纤维，别名"硝化棉"，是有色或无色、透明或不透明的片状物，性软，富有弹性，最初是象牙的替代品，主要用于制造乒乓球、眼镜架、玩具、钢笔杆、装潢品等。赛璐珞胶片遇明火、高热，或长久储存，极易燃烧，电影放映机所采用的灯光的热量会让胶片更加不安全。电影史中有不少赛璐珞胶片引发火灾的记录，比如 1897 年致使巴黎 1800 人葬身火海，1914 年烧毁加利福尼亚的 10 栋建筑，罗伯特·弗莱厄蒂（Robert Flaherty）3 万英尺（约 9000 米）的电影底片因为一个烟头而付之一炬 [8]4。

安全的醋酸盐在 1908 年才由柯达公司发明出来，用来取代不安全的硝酸胶片，醋酸胶片更坚硬透明，更便宜；1914 年，柯达发明了防火的三乙酸纤维素底片，叫作"安全醋酸盐"（safety acetate）。但是，由于技术的限制，此种胶片并没有受到欢迎，因为它还不够柔软，摄影师拍摄时很容易损坏，而且难以粘接。柯达直到 1948 年才开发出安全片基的电影胶片，才普遍采用不易燃的胶片；直到 1951 年，不安全的硝酸胶片才完全退出电影胶片市场。

（三）胶片的感光测定的标准化

早在电影诞生之前，静照摄影曾经有个火棉胶湿版时代，通过火棉胶湿版洗印的照片，可以随拍随洗印，马上看效果。因为极容易燃烧，很快被明胶干版摄影取代，在静照摄影的历史上，明胶干版摄影被誉为"近代摄影的序幕"。当然，由于技术的原因，那时的摄影师不可能测定感光度的数据。

随着胶片的盛行，摄影者开始注意胶片的感光度，比如早在 1890 年就有"H"和"D"两种不同乳剂速度的胶片，但是由于没有统一的标准而很难从数据上把握。直到 1934 年德国制定 DIN 制和 1942 年美国制定 ASA 制，国际标准化组织才整合统一为 ISO 标准感光度（即国际标准化感光速度），才在摄影领域正式确定感光度的测定标准。

电影胶片的感光度影响着电影的影像效果。摄影师每次使用不同感光度的胶片，都需要设置这种胶卷的曝光指数（EI）。例如，EI 值为 200 的胶卷，它对光线的敏感程度是 EI 值为 100 的胶卷的两倍；因此，为了获得正确的曝光，换用不同感光度的胶片时，必须对其他影响影像曝光的相关参数进行调整，比如光圈孔径、叶子板开角、照明程度等。

二、早期摄影机技术

为了确保电影摄影的准确曝光，以摄影机为例，需要两个方面的标准化。一是摄影机必须保证优质的影像。这需要优质的镜头和平稳的胶片传输设备；前者取决于摄影机镜头的纳光速度，后者可以创造清晰的、平稳不闪烁的影像。二是摄影机要具备良好的可控性，包括曲柄转动的速度和对焦系统。当然，良好的摄影机还包括便利性，如换镜头、装片是否方便，剩余胶片的长度是否可见，摄影机的运动性能、便携程度如何，等。这些因素都需要电影标准化来规范。

（一）早期电影摄影机的发展

摄影机的革新对于电影摄影并不像其他技术那样有明显的变化，但是，摄影机不仅影响拍摄效率，还影响影像的质量。我们从拍摄于 1996 年的短片集的影像上可以明确地发现这一点。电影短篇集《吕米埃与四十大导》（*Lumière and Company*，1995）是由四十位当代著名导演采用现在的底片，运用吕米埃当年使用的摄影机拍摄出来的。四十个短片的影像呈现明显的高对比影像特点，这个现象在一定程度上说明了摄影机对影像的能动性作用。

在电影诞生后的早期阶段，电影技术在摄影机方面如何保证正常的影像质量？在"二战"结束之前，电影摄影机技术经历了怎样的发展过程，历史的影像怎样在技术的语境中呈现？

1."比沃格拉夫"（the Biograph model）摄影机

1891年，迪克森在爱迪生的指导下生产出第一台电影摄影机"电影视镜"，1896年脱离爱迪生的迪克森推出新型的比沃格拉夫摄影机[4]139，这种摄影机尚未采用打孔的设计，但是所用胶片的宽度达到2in（50.8mm），这个宽度要远远大于35mm的标准宽度。虽然这种摄影机的操作便利性十分低下，但是由于它采用了十分可观的胶片宽度，所以在一定程度上还是可以保证影像的清晰度的。

2.百代（the Pathé studio model）摄影机

这是法国百代公司研发的一款物美价廉的摄影机，被誉为"第一次世界大战结束之前最好的摄影机"。它由木质构成，黑色皮质包裹，相当坚固。它的设计是后置手柄，外置胶片盒，片盒一次能装400ft（121.92m）胶片。这款摄影机是百代公司从吕米埃公司接收并改良而来，陆续加入测距仪、胶片计数器等新的功能性装置。

3.埃克莱尔（the Éclair）摄影机

这款摄影机比上一款百代摄影机进步的地方，在于安装了菱形的对焦系统，减少了毛玻璃对焦的必要性，这种毛玻璃对焦系统在当时很普遍。

4.德布里·帕尔沃（the Debrie Parvo）摄影机

这款摄影机于1908年出现，由于精确的往复齿轮运动和良好的做工，它在整个默片时期享有盛誉。它的对焦是通过窗口采用曲柄转动，相较于前几款摄影机还是具有一定技术创新的。但是，由于缺少镜头透镜旋转和直线胶片输送，它在好莱坞没有成为特别受欢迎的机器，但是在新闻摄影界和欧洲电影圈很受欢迎。

5. 贝尔和豪厄尔 -2709（the Bell & Howell 2709）摄影机

作为百代摄影机的竞争者，贝尔和豪厄尔公司在 1911 至 1912 年间推出该款摄影机，但在 1915 年之前并没有推广开来。今日学术界认为"贝尔和豪厄尔 -2709"是截至当时最重要的电影摄影机，因为它率先解决了摄影机的精确性问题。它的出现，代表着电影摄影技术从戏法和不准确的技巧向科学精确控制转变，同时，某些电影摄影效果可以通过精确的可预测性获得。

6. 米切尔（Mitchell Standard Models）摄影机

英国电影史家 H. 马里奥·雷蒙多·索托（H. Mario Raimondo Souto）认为，世界上 80％ 的电影是用米切尔摄影机拍摄的 [9]。1920 年，查尔斯·罗切（Charles Rosher）宣布米切尔摄影机面世，成为贝尔和豪厄尔公司的有力竞争对手。米切尔摄影机的主要特性是优秀的对焦系统、拍摄齿轮架 [rackover，由约翰·伦纳德（John Leonard）发明]、齿轮可变快门（a planetary gear-driven variable shutter）和推拉式取景。摄影师可以直接通过镜头构图和取景（compose and frame），而不用再变动镜头和光圈。这款米切尔摄影机也以精确见长，进入有声电影时代之后，它的低噪声也很受欢迎。

7. 埃克利（Akeley）摄影机

这款摄影机由美国博物学家卡尔·伊桑·埃克利（Carl Ethan Akeley）设计。在光线利用上，它最大的优势是通过焦平面快门使得摄影机对光线的利用达到最大化。鉴于该款摄影机的优异性能，弗拉哈迪把它带到北极拍摄了著名的纪录片《北方的纳努克》（Nanook of the North，1922）。

总之，在这些早期的摄影机中，贝尔和豪厄尔摄影机、米切尔摄影机较为重要。这是因为它们可以精确地控制光线，采用的镜头也是其他早期摄影机没有的转塔镜头。

（二）暗战：摄影师和制片公司

　　早期电影阶段，电影的工业化程度不高，还没有电影技术的分工，那时的电影先驱者往往既要从事电影拍摄，又要承担电影技术开发的工作。所以，早期的电影摄影机一般均由电影制片公司自己制造，至少为制片公司所有。比如，爱迪生公司不仅从事电影的拍摄，也从事电影技术的开发；又比如，比沃格拉夫公司（Biograph）和维塔格拉夫公司（Vitagraph）就拥有最初的电影摄影机和镜头，并且拥有这些镜头的专利权。在商业竞争的环境下，这些拥有先进技术的公司相互排挤，保护自己的专利技术，有时忽视技术的更新，而欧洲的竞争者开始慢慢占领镜头市场，形成欧洲和美国的摄影技术共存的局面。

　　在最初的电影拍摄阶段，拍摄的分工也没有细化。自从电影脱离短片进入长片阶段，电影创作的分工开始细化和明确，电影创作的各个部门开始参与到电影的创作中来。首先的变化是摄影师和导演的分离，由于制片规模增大，电影技术变得相对复杂，专职摄影师应需而生，并且地位很快得以提高。摄影师的创作地位提高，直接推动了摄影机器材的规范化和标准化；因为摄影师为了保证电影拍摄的影像质量，会选择自己喜好的摄影机，而不再依赖制片公司自备的摄影器材，制片公司在摄影机选择上的作用降低。这样一来，很多摄影师所选择的摄影机往往不是本公司所有的，因此，摄影机的市场化特征越来越显著。在 20 世纪的前 30 年间，电影摄影师偏爱的摄影机是贝尔和豪厄尔摄影机和米切尔摄影机。所以，不同的摄影机品牌导致了摄影机标准的混乱。卡尔·路易斯·格雷戈里（Carl Louis Gregory）在 1917 年指出：在一部电影的拍摄中，人们几乎不能使用两个不同的镜头，除非把不同的画格调成一样的；因为不同的镜头呈现了不同的影像幅度，再加上胶片的规格不同（如片孔距离），不同镜头拍摄的影像很难剪辑在一起[4]154。制片公司愿意统一规格，但是摄影师们不相信制片公司的摄影器材部门，更愿意使用自己熟悉的机器。这种摄影师个人和制片公司的"暗战"行为迫使摄影机的标准化，这样既可以解决摄影师因创作而产生的抵触情绪，也可以让制片公司采购合适的器材。

所以，在默片末期，电影制片公司的摄影器材部门已经可以给固定员工提供十分优良的器材，使得摄影师的工作硬件得以改善。

（三）莱瑟姆缓冲弯（Latham loop）：摄影机技术的关节点

研究者针对"马耳他十字（Maltese Cross）对摄影机技术的重要性"的论述很多，在此不再赘述。在电影摄影机技术的发展变革中，不得不单独论述一项微小但极其重要的摄影机技术——莱瑟姆缓冲弯。这是一项用于电影摄影和电影放映的革命性技术。大卫·萨缪尔森认为这是一项在电影摄影机的发明中具有历史意义的突破性的技术 [3]。这项技术发明于1896年，专利拥有者是莱瑟姆父子三人，所以被称为"莱瑟姆缓冲弯"。该技术使得早期的摄影机系统确保胶片运转得更加顺畅，这个设备是对已有的爱迪生技术的革新。这对于早期胶片来说，简直是一个决定电影生死的技术环节——早期电影胶片的柔韧性很差，极容易断掉；这项技术使得摄影机即便采用当时较为坚硬的胶片，也可以拍摄和放映比以前长得多的胶片长度。这也是为什么早期电影胶片的柔韧度不高，但还是能拍摄和放映电影的原因之一。

（四）摄影机镜头

电影镜头的发明是精密光学科学和技术的结晶，现代的电影镜头更是计算机技术、玻璃工艺、镀膜技术和色彩技术共同作用的结果。

虽然，理论上讲，电影镜头对于成像并不是必需的。因为只要有光线，只要有感光的材料，即使没有镜头，也能成像。但是，鉴于电影工业和电影艺术创作的复杂要求，没有摄影镜头的电影创作是不现实的。相反，电影的发展和摄影师的艺术构思需要电影技术的支撑，尤其需要摄影镜头的改良和进步。这个需求贯穿电影发展史，直到今天也没有停止。

大卫·萨缪尔森认为，1960年之前，在电影镜头领域，有几项关于电影镜头的发明和革新对电影艺术产生了巨大的影响。这几项技术包括防反射的光学涂层（anti-reflection optical coatings）、变形镜头（anamorphic lens）、变焦镜头（zoom lens）、后焦广角镜头（retro-focus wide-angle lens）[3]。

1. 光学涂层

如同很多的科学技术发明那样,镜头镀膜技术也是被"有准备的"科学家偶然发现的。1895 年, 在吕米埃电影首映的同年, 哈罗德·丹尼斯·泰勒（Harold Dennis Taylor）发现, 发霉发灰的镜头（tarnished lens）更容易形成清晰的影像;于是, 他 1904 年在英国申请并获得该项专利。但是由于技术的制约,镜头镀膜技术直到 20 世纪 40 年代才真正产生影响。这归功于约翰·斯特朗（John Strong）的研究。他于 1936 年首次使用真空室来沉淀镜头表面那层薄薄的氟化镁。这项技术不仅减少了来自镜头内部的闪光, 而且给未来各种不同镜头的发明制造提供了技术基础, 包括现代的很多大光圈、广角镜头、变焦镜头的设计和实现都从中受益。这样的镜头镀膜技术的研发,也同时在德国的卡尔·蔡司公司（Carl Zeiss AG）的实验室中进行。20 世纪 40 年代,以《公民凯恩》（Citizen Kane, 1941）为代表的"深焦距"影像特征和该项技术息息相关, 此处从略。

2. 变形镜头

正如很多电影技术的命运那样, 只有真正运用于电影制作, 该项技术才会进一步革新并被规模化地生产。变形镜头也是如此。变形镜头之前的摄影机, 使用的都是球面镜头（spherical lens）, 直到宽银幕出现之后才开始使用变形镜头。但是, 变形镜头的实验在 1897 年已经开始,第一款变形镜头在 1927 年已经被法国的亨利·克雷蒂安（Henri Chrétien）发明, 并在 1928 年上市。随着宽银幕的出现, 变形镜头成为新宠, 这是因为宽银幕的摄影需要变形镜头来放大影像。所以, 直到 1952 年变形镜头的技术被 20 世纪福克斯公司（20th Century Fox）购买才变得流行, 被重新命名为 CinemaScope（西内玛斯科普式宽银幕电影）。

3.变焦镜头

电影摄影史上第一批变焦镜头是 1932 年推出的瓦罗（Varo）镜头，其焦距段是 40 ～ 120 mm，设计者是泰勒，泰勒&霍布森公司（Taylor，Taylor & Hobson，简称 TTH，是库克光学公司 Cooke 的前身）的科学家阿瑟·沃密沙姆（Arthur Warmisham），被贝尔和豪厄尔在美国制造推广。卡温在《解读电影》中这样评价变焦镜头在电影史上的作用：现代电影如果缺少了伸缩镜头（zoom lens），几乎无法想象当代真实电影是何种状态[10]。

变焦镜头的新奇和便利对电影摄影创作产生了重要的影响，尤其在变焦镜头初兴的 20 世纪 60 年代，大量的摄影语言用变焦镜头完成，这种推来推去的影像风格被中国的摄影师戏称为"拉风箱"。这种摄影影像的风格和变焦镜头的发明使用有直接的关系。

4.非畸变的广角、广角镜头、后焦距镜头

非畸变的广角、广角镜头、后焦距镜头是为了适应染印法的独特拍摄技术而出现的。TTH 的霍勒斯·威廉·李（Horace William Lee）为染印法的三条胶片的分光摄影机设计了非畸变的广角、广角镜头和后焦距镜头。

三、早期电影的放映及洗印技术

我们经常讲"电影是一门遗憾的艺术"。造成这种遗憾的原因是多方面的，笔者认为其中一个原因是"看到的影像"和摄影师心目中的影像往往存在差距，造成这个差距的既有摄影手段和艺术构思之间的差距，也有摄影完成之后洗印和放映阶段对影像的改变。在洗印和放映阶段的改变可以分为影像上的主动追求和技术因素对影像的消极改变。我们在影院里观看到的电影画质主要取决于四个因素——摄影设备、制作规格、拷贝规格和放映设备。前两个是摄制载体，后两个是放映载体。虽然胶片电影在洗印阶段对电影影像的控制和改变没有数字手段那么深入和精确，但是胶片电影的洗印

还是可以在一定程度上改变影像的色调、对比度等。所以，巴里·基思·格兰特在其编著的《电影大百科全书》中说，摄影师和其余部门的紧密关系同样存在于其和电影洗印部门之间，因为电影洗印部门会改变影像的色调[11]96。当然，洗印部门所做的改变可能不是摄影师想要的。

放映机和摄影机的技术是同步进行的，摄影机的技术进步自然带来放映机的革新。在原理上，放映机就是一个倒过来使用的摄影机（当然实际上没有这么简单）。早期的电影摄影机本身就是放映机，如吕米埃的摄影机。正是因为吕米埃的摄影机具备二合一（摄影机和放映机合一）的功能，才使得吕米埃的电影能走向世界的各个角落，不用再回到专门的洗印车间完成。在这一时期，爱迪生达不到吕米埃的技术优势，所以，爱迪生的电影只能在笨重的放映机上观看。

早期电影放映机采用的放映光源是弧光灯。弧光灯本来是静照和剧院使用的照明灯具，也是肖像摄影的主要光源[11]199。弧光灯功率大、亮度高的优势，在一定程度上弥补了早期电影影像清晰度不够的短处；但是，弧光灯的高热量容易使胶片受热发生卷曲而焦点模糊，同时给当时普遍采用的硝酸片基胶片带来安全隐患——硝酸片基的胶片在弧光灯的照射下容易在放映过程中燃烧。所以说，电影的放映设备同样会改变电影最终的影像质量，就是说，同样的一部电影拷贝在不同的放映条件下会呈现不同的影像效果。所以，在理论上并不存在绝对统一的电影影像，其内在的原因也是技术的因素。

四、灯光设备的标准化

电影摄影器材的标准化，是一个系列的、连锁的过程。摄影机和底片的发展要求灯光设备的标准化。对于摄影器材的工业标准来说，良好或合格的灯光器材的标准是什么？对于摄影创作来说，摄影师更关心能否得到预想中的影像，至于采用什么手段，他们自然不会自缚手脚。

但是，摄影师在选择具体的灯光设备时，总是会把"能否制造清晰稳定的影像"作为考量灯光的标准之一。关于摄影师选择灯光器材，波德维尔认为，灯光器材最重要的考量因素是无闪烁、明亮度、反射度、光谱特性（spectral characteristic），特别是在电影胶片摄影的早期阶段，亮度和光谱特性直接决定某种灯光能不能在电影行业中使用；比如在1927年全色片诞生之前，由于正色片的光谱特性对低色温的光谱不敏感，所以低色温的钨丝灯在当时的摄影中被搁置。

次要的因素是光线的可控性，即能不能提供稳定的照明，有没有安装调光器，以及调光器的便利程度。调光器对于成熟细腻的电影摄影创作是一种技术上的保证。

当然，考量灯光的因素还有灯光的持续性，是否便于操作，是否能遥控，是否便携，灯泡是否方便更换，以及新出现的角度变化和照明的方向性问题，等等。比如，便携的灯光器材直接决定电影摄影的外景实景拍摄，摄影棚中的大型灯光器材是不可能长期在外景实景拍摄的。比如，照明的角度变化和方向性问题，在电影摄影史上最早得到重视的汞蒸气灯，其发光效率很高，所以早期胶片感光度那么低，但还是能形成可以接受的影像清晰度。但是，汞蒸气灯不是直射光，用于照亮场景是没有问题的，但是随着电影艺术的发展，很多时候，摄影师需要通过造型性的影像表现人物心理和刻画明星的面部魅力，此时只能发出散射光的汞蒸气灯就失去了原本的长处。

相反，弧光灯可以制造强烈的直射光，但是早期的弧光灯很难控制，达不到细腻准确刻画人物的目的。在可控性上，白炽灯能解决便于操控的问题，但它效率低、显色性和光化性也较差，尤其是在正色片时期，基本上被正色片摄影淘汰。太阳光不用花钱，但是可控性最差，无法满足电影摄影艺术和电影工业的需要。所以，在好莱坞经典时期往往多种灯光联合使用。

经典时期的转变有一个过程就是漫射光到直射光的转变，这个和好莱坞的风格转变有关，因为随着电影对现实的需求，打造月光、太阳光、烛光、油灯的效果必须采用直射光来模拟，对于灯光器材的要求就更加细化了，比如要便于移动，制造各种视觉效果。这些都在要求各种不同功能的照明设备出现。

本章参考文献

[1] BORDWELL D, STAIGER J, THOMPSOM K. The classical Hollywood cinema: film style and mode of production to 1960[M]. New York: Columbia University Press, 1985.

[2] 王少明. 电影技术标准化历程 [M] // 马守清, 姚兆亨, 鲍林岳, 等. 电影技术百年: 纪念世界电影诞生一百周年中国电影九十周年技术文选. 北京: 中国电影出版社, 1995: 57-68.

[3] SAMUELSON D. Strokes of genius[J]. American Cinematographer, 1999, 80(3): 166.

[4] KOSZARSKI R. An evening's entertainment: the age of the silent feature picture, 1915-1928[M]. California: University of California Press, 1994.

[5] 李念芦, 李铭, 王春水, 等. 影视技术概论 [M]. 劳祥源, 绘. 修订版. 北京: 中国电影出版社, 2006: 22.

[6] 格劳丝, 沃德. 影视技艺 [M]. 庄菊池, 译. 上海: 复旦大学出版社, 1998: 46.

[7] LACEY N. Introduction to film[M]. New York: Palgrave Macmillan, 2005.

[8] 张同道. 电影眼看世界 [M]. 北京: 中国广播电视出版社, 2016.

[9] 索托. 电影摄影机技术 [M]. 赵超群, 译. 北京: 中国电影出版社, 1982: 73.

[10] 卡温. 解读电影: 上 [M]. 李显立, 译. 桂林: 广西师范大学出版社, 2003: 95.

[11] GRANT B K. Schirmer encyclopedia of film[M]. New York: Schirmer Reference/Thomson Gale, 2006.

第三章 日光时代：电影先驱的影像实验

在人类历史的史前阶段，人类就有把形象永远留存下来的愿望。绘于旧石器时代末期的西班牙阿尔塔米拉洞窟壁画，就是用"绘画"表达这一愿望。公元前5世纪的中国，人们就已经掌握成像的原理，公元6世纪从事炼金术的人发现，硝酸银溶液和海水（含有盐分）混合后，成为一种白色液体，会在光照下变黑。其实，这正是卤化银的光化学反应。但遗憾的是，在第一张照片出现之前，人类经历了无数次失败的实验。当时困扰科学家的最大问题是如何将影像保留下来。

第一节 摄影感光材料技术

如前所述，电影摄影光线创作在物质层面的发展受胶片技术、镜头性能、摄影机技、专业照明灯具等因素影响。在这些共同存在的因素中，胶片技术对电影摄影光线创作无疑具有基础性的作用。正如雷蒙德·菲尔丁在《专业黑白电影胶片的历史》（*A Technological History of Motion Picture and Television*）中说，电影的生产与剧院艺术和照相技术紧密联系，电影的发展是和以上两种元素的发展相依靠的；但是，电影光线和电影影像风格、电影制作的方法、胶片的自然属性有关[1]。

一、运动影像之前的技术探索

（一）静照影像的先驱实验

人类很早就有利用机械获取影像的愿望和实践。中国的墨子总结了许多成像的物理特点与光线的传播规律，后人合称"光学八条"，其中就有"小孔成像"的明确总结，这奠定了影像成像的基本原理。意大利文艺复兴时期的达·芬奇是一位博学家，因为是左撇子，所以他的作品基本上都是用左手对着镜子写出来的。达·芬奇曾在自己的笔记中描述暗箱的结构和功能。暗箱是一个封闭房间或者箱子，在墙上（箱子）上有一个小孔，利用小孔成像原理，光线通过小孔在对面黑暗的房间墙壁上留下一个颠倒的黑白影像。文艺复兴之后，很多画家利用暗箱达到准确把握透视关系和明暗对比的目的。18 世纪之后，暗箱的小孔安装了玻璃镜头，这其实已经是一个照相机的雏形，只是缺少胶片 [2]。

然而，胶片只有科学技术和物质材料发达到一定程度时才可能出现。人类漫长的文明进程给胶片的产生提供了土壤，特别是工业革命前后，科学技术领域的先驱者们带来了划时代的科技革新：机械上包括詹姆斯·瓦特（James Watt）于 1769 年改良蒸汽机，詹姆斯·哈格里夫斯（James Hargreaves）于 1764 年发明珍妮纺纱机，阿洛伊斯·泽内菲尔德（Alois Senefelder）于 1796 年发明印刷术，等等（下文将论述纺织机技术使得电影摄影机超越照相机的重要意义）；化学上包括罗伯特·玻意耳（Robert Boyle）的先导性研究、威廉·赫舍尔爵士（William Herschel）的创造性研究等；从德国人约翰·海因里希·舒尔策（Johann Heinrich Schulze）用黑纸来成像，到瑞典人卡尔·威廉·谢勒（Carl Wilhelm Schéele）用涂有氯化银的纸成像，再到约瑟夫·尼塞福尔·涅普斯（Joséph Nicéphore Niepce）的日光胶版术、法国人路易·雅克·芒代·达盖尔（Louis Jacques Mandé Daguerre）的银版法、英国人威廉·亨利·福克斯·塔尔博特（William Hennry Fox Talbot）的碘化银相纸负像摄影法、英国人弗雷德里克·斯科特·阿彻（Frederick Scott Archer）的胶棉湿版法，直至明胶乳剂出现。科学家们的工作始终围绕一个核心技术，即把影像留存在什么介质上，以及如何留存。

静照影像的发展史同样是技术的发展史。以法国人涅普斯的"日光胶版术"为例。涅普斯是一个被忽视的重要先驱。他毕生皆为了实验新型的感光材料而付出。他实验使用的感光原料包括石板、玻璃、铁板、沥青和锡板。1813 年，他结合长期对石版印刷术的研究成果，开始把感光物质涂在石板上，用太阳光照射的方法制作晒相版，结果不理想；1816 年前后，他将涂有卤化银的纸放入暗箱制作图像，还是未能获得满意的正像。此后，涅普斯又发明了一种不用卤化银的沥青照相术。他在 1822 年称此方法为"日光胶版术"（heliograph），希腊文是"太阳光来绘图"的意思。

涅普斯的日光胶版术的程序如下：

1. 将沥青溶解于薰衣草油或迪佩尔油中；

2. 然后涂在锡基合金板上；

3. 放入暗箱进行摄影；

4. 最后在薰衣草和挥发油的混合液中显像[3]。

可以看出，涅普斯的"日光胶版术"技术中有一个看起来很奇怪的物质——沥青。沥青是一种光敏感物质。在涅普斯的"日光胶版术"中，沥青实际上就是一种感光材料。涅普斯把沥青涂在金属板上，经日光感光，再由薰衣草油溶解掉没有固化的沥青以得到成型的影像模板，再用木板蘸取油墨得到最终的固定影像。

1826 年前后，涅普斯通过日光胶版术拍摄了世界上现存最古老的照片，影像是他家窗外庭院的景色，内容是鸽子窝与贮藏室。原照片尺寸为 8 in × 6.5 in（20.3 cm × 16.5 cm），然而它的曝光时间竟长达 8 小时。原件的发现者是摄影史学家赫尔穆特·埃里克·罗伯特·格恩斯海姆（Helmut Erich Robert Gernsheim），现保存在美国得克萨斯大学。通过互联网，我们可以看到原件的图片，它是一个长方形的金属板，上面留存模糊的影像。或许是金属板这种特殊载体的原因，它才得以留存；或许是涅普斯太专注于成像的技术研究，他没有像艺术家那样给自己心爱的"作品"起一个名字。

（二）静照用材料技术的发展

早期摄影用的感光乳剂仅对蓝色、紫色和紫外线敏感。所以，蓝天在影像中看起来是灰白的，绿色的树叶看起来也是灰白的。黄色和红色看起来是黑色的，而且是不平整、有斑点的。摄影师们经常采取各自的措施来弥补胶片带来的影像问题，或者给演员化妆，或者在洗印时修改，等等。

在电影诞生之前，众多先驱者已对影像实验进行了长期的艰辛摸索。显然，先驱们首先需要解决的问题是感光材料的问题，包括感光乳剂的感光速度和显色性问题。静照影像先驱们在感光速度和显色性方面的探索历程概况见表 3-1。

表 3-1 影像先驱探索感光速度和显色性的历程概况

时间（年）	内容
1826	第一张照片由涅普斯完成，感光时间 8 小时
1873	赫尔曼·威廉·沃格尔（Hermann Wilhelm Vogel）发现，通过给感光乳剂增加少量染料可提高其对绿色和黄色的感光性，但是，早期感光乳剂不稳定和易雾化的缺点限制了这种胶片的大面积推广
1883	首批商用感光乳剂面世
1888	乔治·伊斯门洗印了第一批胶片
1894	吕米埃兄弟推出了全色胶片（panchromatic plate），这种胶片对所有的颜色包括红色，都敏感，只是很不均匀
1902	德国化学家奥托·佩鲁茨（Otto Perutz）制造了佩克罗莫全色胶片（Perchromo panchromatic plate），全色的，十分均匀

全色片诞生之前的胶片是正色片，只对蓝色光敏感。胶片厂家会建议摄影师：使用正色片时，在镜头前面加黄色滤镜，并延长洗印时间。以上所谓胶片都是玻璃干板（glass-based plate）洗印的，全色胶片的溶剂直到 20 世纪 10 年代才出现在产业领域，这 10 年的晚期才普遍使用。造成以上情况的部分原因，是当时的很多摄影师都有自己的冲洗暗房，习惯在自家装有红色安全灯光的暗房中冲洗；他们反而不愿意使用全色胶片，认为红色并不影响成像，因为红色并不多见。

20 世纪全色胶片的成功，加速了世界彩色摄影的发展。虽然彩色摄影成本较高，工序烦琐，而且黑白摄影仍是职业摄影圈的主角，但彩色照片还是深受大众欢迎。热烈的市场反响要求胶片工业出产更好的、对所有颜色都敏感的全色胶片，当然还有合适的曝光时间。由于价格太高，故而全色片虽在 20 世纪 20 年代已经出现，但直到 40 年代才成为主流。

二、影像的运动：电影先驱的胶片技术

关于吕米埃电影首映时观众反应的文字记录很多，在此不再重复。高尔基在 1896 年也有类似的文字记录——在诺夫戈罗德城举办的俄罗斯工业和艺术展览会上第一次放映了影片，他所写的文字里，有他对电影的感性描述。他评论说，一道光线投射到黑房子里的大银幕上，于是幕布上出现了一张很大的照片，街道上车马在运动。影像呈现木刻画那样的灰色调。你会觉得所有的人体和物件只有原来的十分之一大小。高尔基在文章中接着指出，"看到灰色影子的这种灰色的动作，使人觉得很可怕"[4]63。高尔基早期的文章涉及电影影像的运动、颜色，物体大小，等几个特点，是关于电影史的极其宝贵的文献。

从现存的、保存良好的、电影先驱者的电影影像中，我们可以发现早期电影影像呈现一种高光、明亮和高对比度的影像特点。对于早期影像的这一特点，安德烈·戈德罗（André Gaudreault）在《早期电影指南》（A Companion to Early Cinema）中分析了早期电影摄影机各自的优点和缺点，包括爱迪生、吕米埃等人的摄影机，认为影响摄影机市场竞争力大小的重要因素是这一款摄影机能否呈现高对比和明亮的（sharpness and brightness）影像效果[5]。但是，一般来说，高对比的、明亮的影像，观众看着不是很舒服。为什么这种只能呈现不舒服的影像效果的摄影机，反而在当时得到制片公司的欢迎呢？

笔者认为，这种影像效果和当时的摄影物质材料息息相关。本节专门讨论感光材料技术对早期电影影像的影响。

（一）早期电影胶片的感光度

在早期电影摄影胶片中，虽然有吕米埃生产的胶片、1918 年杜邦胶片，德国的爱克发初期也生产胶片（最初生产正片）；但是，在胶片市场中，柯达胶片仍然是主流。最初的柯达胶片是不分正负片的，然而，柯达很快就有了更好的专门的正片。这种正片可呈现更明亮、对比度更强的影像。这种正片的感光度比负片低，因此，洗印比较方便。

同样的，早期电影底片的感光度很低。柯达官方网站提供的有关柯达底片感光度的资料显示，柯达于 1982 年出产的 KODAK 9293 钨丝灯彩色底片的感光度是 ASA 250，而在 1930 年之前，电影底片的感光度是 ASA 8 左右[6]123。1915 年柯达只提供两种胶片，一种是摄影用底片，一种是洗印用的正片，当然都是正色片。其中摄影用底片竟然没有一个正式的工业编号，也没有明确标出感光度指数，据电影史家和电影制作者凯文·布朗洛（Kevin Brownlow）考据，它的感光度在 ASA 24 左右，也没有一个底片的名称，只是被叫作"电影负片"（motion-picture negative film）。后来由于柯达胶片纷纷上市，为了便于区别才补充起名为负片标准速度 1201 型（Negative Film Par Speed 1201）。直到 1925 年，快速的感光底片才出现，当然也是正色片[7]139。从以上两个因素分析，早期电影先驱者的电影摄影影像呈现高光、高对比的特点，是和底片的感光度和正片的感光特点相适应的。因此，早期电影先驱采用自然光照明是再正常不过的事情了，相较于那样低下的电影照明技术，太阳光的亮度是十分可观的。迈克尔·利奇（Michael Leitch）认为，在 1906—1918 年电影默片期间，由于早期电影胶片的感光度很低（1925 年之前），拍摄时不得不利用自然光线；早期电影先驱们选择玻璃摄影棚摄影是十分明智的[6]31。

自然光的缺点和不足并不影响电影先驱对影像清晰度的追求，因为早期电影摄影的要求就是获得足够的曝光。所以，迈克尔·利奇认为，在技术上，电影的影像创作受到电影底片的影响，尤其是早期电影底片；早期电影底片的感光度很低，需要大量的光线才能满足基本的曝光需要[6]123。在感光度十分低的情况下，不把影像拍得暗而是把影像拍得亮，在低感光度的底片上完成曝光，是考验摄影师技巧的标准之一。作为一种新兴媒体，早期电影往往强调影像的优势，显示新媒体的视觉外观。早期电影的影像呈现高光、明亮、高对比的影像特点，不仅适应技术的要求，也符合视觉新媒体的要求。

关于底片感光度对电影风格的影响，曾念平提供了一个很有启发性的思路。他认为：胶片感光度和苏联蒙太奇学派之间有密切的关系。蒙太奇学派的产生背景，从文化、政治、艺术等角度都是能阐释的，但是迄今为止几乎没有研究者论及蒙太奇学派和电影技术的关系，尤其是蒙太奇学派和电影底片感光度之间的关系。当我们获知蒙太奇学派所用的胶片感光度只有 ASA 25 左右，照明器材和镜头都十分落后的事实之后，或许能够更好地理解苏联蒙太奇学派为什么把镜头切得那么碎了。其实，严格地说，不是切得那么碎，而是本身拍得就很碎。具体原因是，一般来说，镜头长度越长，布光越困难，短镜头能避免大面积布光的困难；照明的范围越大，布光越困难，特写镜头可以规避这个困难[8]23。这些技术因素是否能够从另一个角度解释苏联电影蒙太奇学派为什么主要是短镜头，并且大多是特写镜头？是否能够给我们提供另一种研究苏联蒙太奇学派的思路呢？笔者认为这是一个具有启发性的思路。

（二）电影先驱者所用胶片的感色性

在 1926 年全色片成为主流之前，世界电影采用的底片几乎都是正色片（orthochromatic negative stock）。即便是 1925 年推出的高速感光度底片也是正色片。正色片只对蓝光、紫光和紫外光线敏感。由于正色片的感光特性，红、黄物体在影像上呈现为黑色，蓝色和紫色呈现为白色，其余相关的颜色也不能被真实地反映。这使得正色片的摄影困难重重，比如，蓝天和白云就无法真实表现，在正色片的电影中看不到蓝天，蓝天都统一显示为白色天空；演员的蓝色眼睛无法表现，往往呈现为灰白色。为了准确判断演员在正色片上的肤色，摄影师往往借助蓝色滤镜。虽然通过安装滤镜或者使用各种灯光技巧可以有所缓解，但是由于早期电影底片的感光度很低，滤镜的使用会影响底片的曝光，一直无法有效地解决这一问题。

在正色片时代，电影的化妆师和摄影师配合得特别紧密，因为摄影师需要化妆师改变布景和演员的颜色，以得到正色片理想的黑白还原。所以我们在早期电影中会发现几乎每一部电影的人物化妆都很浓。在拍摄于1910年的丹麦电影《深渊》（*The Abyss*）中，女演员阿斯塔·尼尔森（Asta Nielsen）雪白的面色给观众留下深刻的印象，她塑造的妖女形象至今仍为经典。不过，要知道，她特有的面容、苍白的肤色和魅惑的眼神，是通过化妆和布景的设计获得的。因为当时的底片是正色片，这种底片的感光特点是对红色和橙色不感光，那么人物那红色的真实面容在影像上就呈现为黑色，而黑色的面容在电影银幕上几乎是被观众拒绝的。为了弥补摄影底片本身具有的不足，在摄影之前，化妆师给演员的面部涂上浓重的黄色，嘴唇涂上猩红色，让演员的眼睛处于黑暗中，根据底片的感光特点所做的这种调整，既符合剧情的需要，也在影像上让观众看起来不至于不舒服[6]32。

1926年在电影摄影史上是一个标志性年份，这一年全色胶片获得全面的胜利。其实，和其他的摄影技术一样，全色胶片被全面使用之前，已于1906年在照片领域面世；同一年，乔治·艾伯特·史密斯（George Albert Smith）用全色感光材料做了不完美的实验。1913年9月，柯达推出了电影全色胶片，同时也在酝酿彩色胶片的实验，但是直到1918年才初步解决了黑白摄影的问题。

全色胶片首先在福克斯公司的《海上女王》（*Queen of the Sea*，1918）的部分场景中试用，但是由于全色胶片的保质期只有两个月，并且每次必须至少订购8000 ft（2438.4 m），再加上全色片对红光的敏感度使得洗印部门在洗印过程中不能继续使用传统的红光照明，这让洗印部门一时难以适应，所以洗印部门也用消极的态度抵制全色片的使用[7]139。

可能有人认为正色片的底片是低感光、高对比的，因为现在看到的正色片时期的电影影像往往是灰白和深黑的；但其实不是这样的，这是一种误解。造成这种误解的原因是影片拷贝保存的问题。波德维尔认为，如果能够看到从原底片上直接拷贝、保存很好的正片，就会发现正色片的影像还是十分清晰的。但是，原底片和正片的反复冲印以及保存的因素，都增加了底片原本没有的对比度。如果保存条件一致，通常是不可能分辨全色片和正色片的 [9]。

电影技术的发展表明，几乎所有的技术在发明初期都没有得到创作者和理论家应有的重视。因为，新的技术需要一定的时间去适应市场，逐渐寻找自己的位置。的确，有时候，电影观众反而对新技术更加热心，但前提是这种技术对于观众来说充满新奇和吸引力。但是全色片技术和电影声音、立体电影、宽银幕等电影技术不同，全色片在观众看来几乎没有什么不同，观众也不会关心摄影底片感色性的问题。所以，电影摄影技术的革新只能在摸索中发展，等待历史机遇。

第二节　先驱者的光线利用

依今天的立场看来，电影摄影技术在 20 世纪之前是很原始的。当然，我们不能对历史做"反历史"的分析。即使和同时期的静照技术相比，电影摄影也是相对落后的。在 20 世纪前后，照片领域的人工灯光已经比较成熟，但是电影摄影并没有直接运用这些现成的布光技巧，而是最大化地使用自然光。但是，利用人工光线的尝试自电影诞生之初起，直到现在都没有停止过。最早的人工光线可以追溯到德国电影先驱奥斯卡·迈斯特（Oskar Messter）在 1896 年做的电影人工灯光的试验。在 1900 年之前，爱迪生的摄影棚常常利用人工光线弥补自然光线的不足，比如《为什么琼斯解雇了他的员工》（*Why Jones Discarded his Clerks*，1900）就使用了人工灯光 [10]。虽然这种人工灯光的使用不是为了满足电影造型的需要，只是为了弥补自然光线的不足，但毕竟开始创造性地利用人工光线，为后来电影摄影造型的萌芽做了基础性工作。这一时期，虽然影响电影影像效果的主要摄影技术元素都被涉及，被利用，挖掘了电影早期技术的潜力，但是能够达到一定电影风格的摄影技术进步还没有出现。

随着电影从单镜头到多镜头过渡，从1903年开始，专门的电影摄影师出现；1906年，电影产业井喷式发展，电影制作数量增大，摄影用光更加便捷高效。这种产业的进步要求专业的人工灯光。电影摄影早期使用的灯具往往是弧光灯，让其形成漫射的照明，作为太阳光的补充。幸运的是，早期的单只弧光灯从1912年开始被德国表现主义电影人慧眼相中，用于在黑暗的场景中营造夸张的危险气氛。

随着技术的发展和摄影师造型意识的出现，20世纪10年代是摄影逐渐从利用日光转向利用人工灯光的关键时期，人工灯光开始进入电影摄影领域。巴里·索尔特认为，外景逆光出现在1910年，让阳光处于演员的背部，而不再仅仅是正面照射。在加利福尼亚，逆光过于强烈，为了平衡光比，摄影师在演员的前面加反光片。1914年起，这种方法被制片厂采用：逆光用弧光灯的聚光打在演员的肩上，前面用弧光灯的泛光，不再使用太阳的反光。

一、日光光线利用

在电影的早期，并没有电影摄影师这个职位。一个人就可以完成故事、布景、指导演员、构图取景等工作，早期的电影皆是如此，比如吕米埃、梅里爱等先驱者。然而，在电影照明风格一个多世纪的发展中，风格各异的摄影流派层出不穷。电影研究者巴里·索尔特认为，照明技术和技巧的发展使得电影的视觉外貌在过去的一个世纪中发生了巨大变化。

然而，人工灯具真正在电影摄影领域应用之前，电影先驱者们主要利用自然光照明。电影摄影师没有借用当时在静照领域广泛采用的技术。电影的第一个十年基本上是利用自然光，众所周知，吕米埃以利用室外自然光而闻名于世；"好莱坞"开始在美国西海岸建立的部分原因也是为了更好地利用自然光，当然还有美国西海岸室外的美丽风光以及其他历史、文化原因。

大量的日光确保了早期电影摄影底片的曝光度和影像的清晰度，

这也在一定程度上满足了电影工业的需要，因为当时的观众还满足于电影影像的新奇，尚不具备对电影造型的要求。所以，由于早期电影摄影基本依赖自然光，只能在自然光线下完成摄影造型，故而摄影师是靠天吃饭的，摄影技术的控制难度很大。这也使得早期电影摄影造型不可能有什么发展，连基本的内景和夜景都拍不出来，何谈影像造型。

那时的电影摄影技术的设计也是为了利用自然光而出现的，比如露天摄影棚(没有玻璃)或"玻璃摄影棚"。为了更多更好地采用自然光，电影先驱者们要么在实地拍摄，要么在摄影棚里采用自然光；因此，那时可利用的自然光，分为室外自然光和室内自然光。室外自然光的先驱以吕米埃为代表，他完全采用太阳光。本节相关内容从略。

（一）爱迪生的"黑囚车"摄影棚

为了解决电影摄影光线的难题，爱迪生发明了"黑囚车"。"黑囚车"被认为是美国最早的电影摄影棚，建立于 1892 年。"黑囚车"摄影棚被黑色的毛毯覆盖，开着巨大的窗户以利用更多的自然光线；它被安装在可以旋转的底座上，拍摄时随着太阳的位置转动。迪克森抱怨它的狭窄和潮湿，爱迪生称它为"狗窝"，可见它的摄影采光有多糟糕。摄影史上习惯称它为"筒状的玻璃屋"。但是，爱迪生的"黑囚车"摄影棚并没有安装玻璃，直到 1901 年爱迪生才在纽约购买了带有玻璃屋顶的电影摄影棚，并在 1903 年把存在 8 年之久的"黑囚车"摧毁。"黑囚车"在爱迪生离世以后多次在原址重建。这个像向日葵一样旋转的屋子，保证了在白天可以最大限度地利用自然光线，但是在阴天和夜晚就无法拍摄了，因此电影摄影的实际有效时间仅仅是正午时分到下午 3 时之间，这显然限制了电影的拍摄效率。

为了更好地利用那些短暂、宝贵的自然光线，为了突出人物主体，爱迪生总是让演员在一个巨大的黑幕布前表演，通过人物和背景的反差获得鲜明的视觉效果，比如爱迪生的代表作《安娜贝拉的蝴蝶舞》（*Annabelle Butterfly Dance*，1894）。这种利用光线的技术在一定程度上造就了这种特殊的拍摄方法，而这种拍摄方法形成了爱迪生影片的"风格"，即看清人物的动作就可以；所以，影片的环境特征单一，表演性很强（展现人物的肌肉、舞姿等等），很难形成电影艺术效果。爱迪生的拍摄方向是舞台的视点，用一种记录工具展现持续的运动，这和长期存在的静照拍摄在方法上是相通的。

为了更好地利用自然光，比沃格拉夫公司于 1897 年改进了爱迪生的"黑囚车"，重要的改进之处是把摄影棚搬到了高楼顶上，使得空间更加开阔，采光更加有效。但是，改进之后的摄影棚和"黑囚车"一样，没有安装玻璃，因为没有玻璃的阻光可以获得较强的自然光线。无论是爱迪生的"黑囚车"，还是比沃格拉夫公司的改进版摄影棚，都只是在利用自然光，它们很难被视作专业意义上的电影摄影棚。

（二）梅里爱的玻璃摄影棚

梅里爱于 1897 年在巴黎斥重金（8 万法郎）打造的摄影棚，安装了玻璃屋顶、专门用于拍摄的墙壁以及可以伸缩的百叶窗。梅里爱的摄影棚像玻璃温室一样，已经具有现在摄影棚的雏形，对后世摄影棚的发展影响很大。

和爱迪生的摄影棚不同，梅里爱的摄影棚是一个玻璃温室，四面都可以接受阳光，所以整个棚子不用移动就可以利用自然光。梅里爱比爱迪生更先进的地方，在于使用活动窗帘控制自然光的射入量，形成柔和的光线。这是因为梅里爱的摄影棚屋顶装有玻璃（一部分是毛玻璃，一部分是普通玻璃），当阳光照射下来的时候，屋顶固定玻璃的铁架的阴影会映在人物和布景上，为了解决这个问题，梅里爱不得不利用窗帘来柔化强光。

梅里爱在晚年的文章中回忆了当时利用摄影棚拍摄的情景，"工作室的一部分天花板上镶嵌着磨砂玻璃，另一部分则是普通玻璃。夏季，若阳光透过玻璃曝晒布景装饰，将导致可怕的效果，屋顶的铁皮会在布景上投下浓重的阴影。不过玻璃上有细绳连接着活动遮光板，可在瞬间同时开启或关闭，这样就可以避免出现以上不利局面。遮光板底部为移印布（留给建筑师绘图）；当遮光板关闭时，室内光线是柔和的，与磨砂玻璃的感觉相似"[11]。

自然光的缺陷也让梅里爱伤透脑筋，"一个放映时持续二至四分钟的主题有时需要长达四小时甚至更长时间的连续拍摄时，这样拍摄中就很难获得稳定的光线。遇上阴天或者当该死的乌云时不时地挡住阳光时，摄影师——这位放映员、助理、机械师、演员和龙套们的总管——就会大发雷霆。这真的需（要）非凡的耐心……白云点点的天空、阴天还有雾天都让我的耐心经受了严峻的考验……"[11]。

长期利用自然光线拍摄电影的实践，使得梅里爱积极寻求更好的电影摄影照明。但是梅里爱直到晚年才使用人工灯光，虽然他已经意识到人工灯光的意义。梅里爱接着写道："经过许多摸索后，尽管有些事情仍被宣称不可实现，最近我还是成功地用一台特制的电动机器提供了人工照明，像在剧院中一样，机器由布景照明灯、电线和撑架构成，其效果与自然光线毫无区别；有了它，我从此可告别往日的惨痛经历。谢天谢地！我不会暴怒了……至少不会再因云彩的错误而发怒……利用大量以弧形排列的照明灯以及填充着适量汞气的灯管，即可获得漫射光。这种人工光源可与自然光源媲美，并可按需要调节强度。"[11]

吕米埃的电影是抓住自然的片段，爱迪生的电影是记录表演片段，梅里爱的电影是营造一个想象世界。所以，相对来说，梅里爱的电影更加接近剧情电影创作的本质。梅里爱要给观众讲一个虚构的故事，必须呈现环境特点。在当时的光线条件下，梅里爱为了营造故事环境做了以下工作：布景（把舞台布景和照相布景引入电影摄影棚）、画出光影（使用颜料在布景或者道具上画出光影关系）、不使用色彩——因为当时的电影胶片是正色片，与人眼的感受不同，正色片对红色不感光，对蓝色敏感，所以在影像上，原本红色的物体呈现黑色，原本蓝色的物体呈现白色。因此，梅里爱的布景只能画出黑白关系，不能使用色彩。

梅里爱的电影没有人工灯光，完全依赖自然光，并且从舞台观众的视点全景拍摄，故而电影的纵深空间就是舞台的"那堵墙"，人物在银幕上看起来不仅显得小，还会和空间融合在一起。人物一旦静止下来，观众就很难分辨人物和舞台背景的区别。所以，梅里爱影片里的人物总是跑来跑去，今天的观众会觉得梅里爱的电影人物很滑稽，但是梅里爱的电影却很少是喜剧。

其实，假如梅里爱有人工光线的话，这个困难很容易解决。虽然当时没有形成真正的电影光线造型意识，但是，梅里爱很早就有了利用人工灯光的意识（利用弧光灯的漫射照明[11]）。利用人工灯光把人物或者背景单独打亮，形成两个区域的明暗对比，就可以把其一区分出来，而不必让人物刻意走动。但是，当时并没有灯光装置。刘永泗认为，1897 年，梅里爱拍摄《保卢斯唱歌》（ *Paulus Singing* ）时用过弧光灯照明，但是由于当时的技术限制，弧光灯亮度不稳定，所以很难真正应用在电影摄影领域。梅里爱的人工灯光使用直到 1906 年才出现[12]。

梅里爱的电影光线创作和其他早期电影的相近，因为没有人工光线的加入，主要利用自然光线，所以摄影师必须尽一切可能利用被摄物自身的特点，形成人物和背景的对照关系，达到突出主体的目的。因此，1905 年之前，梅里爱不得不在上午 11 点到下午 3 点之间拍摄，那时候太阳是最好的[12]。

中国的电影摄影棚情况和欧美的大体相似。程步高的《影坛忆旧》详细描述了中国电影摄影利用摄影棚的情况，其中有一些电影公司的摄影棚情况："上海影戏公司无摄影场，在闸北天通庵路，租地一块，露天搭景，靠天拍戏"[13]62，"商务电影部，本无正式摄影场，遂将该馆照相部的大照相室充数。照相室建在四层楼的屋顶上，作长方形，顶盖玻璃，日光透入。全世界照相馆，都作此状。屋顶玻璃下，张白蓝色布幔，调节日光，拍美术照。照相馆英文叫STUDIO，摄影场最初仿照相馆，只是大小之别，故亦名 STUDIO。玻璃易碎，日光透入亦不理想，改装硬顶。东西二面全空，阳光射入成侧光，比顶光好"[13]106。上海影戏公司于 1920 年由但杜宇创办于上海闸北地区，是当时中国较大的电影制片机构，其时已距离梅里爱时期 20 多年，但是仍处于利用自然光的摄影棚初级阶段，可见中国早期电影摄影技术的基础薄弱。

由于最早期的电影摄影棚是露天摄影棚，完全依赖自然光，故而太阳光是最主要的光源。太阳光通常是直射的强光，所形成的影像光影反差大，边缘清晰锐利；只有在多云的天气，影像才会变得柔和一些，但是底片曝光又会受到影响。

二、人工灯光

人工灯光的使用是电影摄影真正进入摄影艺术殿堂的标志之一，这是因为要想获得丰富细腻的影像风格，必须从对自然光线的依赖中摆脱出来，不断地开发利用人工灯光，才可能真正进行摄影艺术造型。理查德·埃布尔（Richard Abel）认为，电影摄影艺术的出现与两个因素有关，一是从自然光到人工光的转变，二是对人物和场景照明技巧的运用[14]156。所以，要想获得理想的人物和场景照明必须借助人工光线，不能依靠过于强烈、多变的太阳光。

在早期电影先驱者的开拓阶段，人工灯光的使用从技术上分为摄影棚的使用和专业灯具的革新两个方面。

（一）"全黑摄影棚"

第一个"全黑摄影棚"（dark studio）出现在 1903 年的比沃格拉夫公司，随后，卢宾公司（Lubin）也在 1907 年搭建了不透光的摄影棚。这两大公司在全黑摄影棚中均选用了库珀－休伊特（Cooper-Hewitt）照明灯具，这种灯的优点是光照强、可控性好，所以即使在胶片感光度比较低的电影早期阶段，还是能够提供足够的照明以保证清晰的影像。

库珀－休伊特照明灯具是一种低压汞蒸气放电灯，在弧光灯大量使用之前，这种灯具是早期电影的主要照明来源[15]271。这种光源属于散射光，无法提供直射光，无法提供造型性的影像效果，但是，由于早期电影对于造型性光线并不是太在意，这种造型单一的摄影状况尚可接受。

其实，当时美国带玻璃屋顶的摄影棚（studio）也是一种利用光线的方式。在 20 世纪 10 年代中期，早期美国电影利用玻璃的屋顶和墙面最大化地利用新泽西的阳光（*新泽西和纽约是美国电影的发源地*）。玻璃屋顶上的网布可以分散阳光，如果不行就用库珀－休伊特灯来代替。不过，由于加州的阳光很好，这种带玻璃屋顶的摄影棚在加利福尼亚就很少见。

加州的"全黑摄影棚"完全依靠人工光线进行创作（*这种摄影方式在美国东海岸早就开始使用了*），尤其在克利格灯（klieg light）和沃尔灯（Wohl arc light）出现之后，自然光的使用限制反而成为摄影师的机遇（*在隔绝自然光的封闭环境中，可以用人工灯光达到自己想要的艺术效果*）。所以，在 20 世纪 10 年代，很多制片厂把摄影棚的玻璃天窗涂上或者封上，逐渐向"全黑摄影棚"靠拢。

在美国电影之外，欧洲的大型电影厂于 1902 年左右基本完成了在摄影棚内安装人工灯具的工作，其中法国的百代和高蒙两大公司大量采用弧光灯作为全黑摄影棚的主要照明光源。1904 年，弧光灯基本占领了全欧洲的电影摄影棚，到 1908 年，在摄影棚领域，弧光灯完全取代了自然光。弧光灯的利用使得原本平坦的舞台变成电线的丛林，摄影师只能在舞台顶上走线给地面留下空间。

1905 年，法国高蒙公司在巴黎修建的摄影棚空间体积(长×宽×高)达到 45 m × 30 m × 43 m，配备有低压汞蒸气放电灯和弧光灯，由几台蒸汽发电机（40 V、1500 A、1500 W）提供电源。1906 年之后，电灯光逐渐在专业电影摄影棚中增多，但是并没有取代自然光，仍然是自然光线的补充（用于天气不佳、傍晚时分等自然光线不足的时段），摄影棚仍然由玻璃组成。直到 1918 年，美国才出现两家完全没有玻璃的摄影棚，此时，现代的专门利用人工光线的专业摄影棚才出现，电影制作和电影产业真正进入艺术创作产业阶段。

（二）人工灯具

电影摄影人工灯光既是科学技术的结晶，也是摄影观念发展的要求，同时还和电影美学、文化传统以及摄影技巧的进步有着微妙的联系。

从美学上说，电影影像创作受到文化传统和其他视觉艺术的影响，这种影响在电影诞生和发展的早期特别明显，尤其在早期电影超越短片开始长片叙事的时候，因为电影叙事的发展和人物刻画都需要电影摄影呈现符合故事情境的视觉特征，这个特征就是电影造型的萌芽。

电影造型的观念和技巧从何而来？人类的艺术思维首先从既有的艺术中寻求灵感，绘画作品、舞台照明等会给摄影师提供视觉的财富。世界电影史也提供了摄影师影像造型的学习探索轨迹。早期电影在摄影照明上的不断发展，源于电影产业日渐旺盛的商业需求；在摄影器材上的推陈出新，主要得益于对街灯和舞台灯的借用。彼得·巴克斯特（Peter Baxter）认为，电影在技术上最初借鉴的技巧就是舞台的照明技巧[16]。

人工照明灯具的使用比一般想象的时间要早。早在 1897 年，梅里爱就在自己的罗伯特－乌丹剧院（Rober-Houdin Theatre）尝试使用人工照明——弧光灯，用于拍摄歌手保卢斯（Paulus）的演出，然而在 1905 年之前，梅里爱都没有把人工灯具安装上去。直到 1905 年，梅里爱还是电影史上第一个安装人工照明灯具的电影人。所以，在 1905 年之前，他不得不选择在上午 11 点到下午 3 点之间拍摄，那是一天中太阳光最好的时段。

早期电影摄影灯具主要是汞蒸气灯、弧光灯和白炽灯三大类，在 20 世纪 10 年代进入电影厂。1915 年的调查报告显示：美国的 50 家制片厂在使用人工光源，其中 43 家在采用汞蒸气灯或者搭配使用其他灯。

1. 汞蒸气灯（mercury-vapor lamp）

低压汞蒸气放电灯是最早使用在电影摄影领域的人工灯具之一，也是早期电影先驱者们使用的主要光源。当时的汞蒸气灯的主要供货商是库珀－休伊特。1905 年，著名的库珀－休伊特公司生产汞蒸气灯并推向市场。汞蒸气灯可以产生大面积的灯光，这些灯光很像是从窗户和天上照过来的。它们可以安装在头顶上方的一定角度上，发出平的、没有边缘的光线。这种光线的出现目的本来就是利用网纱布来辅助（后来代替）太阳光的，这正是摄影师们需要的。汞蒸气灯大受欢迎的主要原因，是这种灯光的光谱和正色片需要的光谱吻合。这种光线含有丰富的蓝色和紫外线光谱，基本不含红色光谱，这正符合当时普遍使用的正色底片的要求。

关于汞蒸气灯的优点，波德维尔提供的资料显示，在 1922 年的专业测试中，对当时三种灯具（汞蒸气灯、弧光灯、钨丝灯）做了对比，结论是汞蒸气灯最好，因为它的光谱特性最好，具有大量使用时发热少、耗电少、漫射光、闪烁少、更换碳棒几乎免费等优点。波德维尔认为，在 1918 年之前，汞蒸气灯在电影领域的使用量排在汽车制造之类的工业领域中的第 4 位，仅次于机械制造[15]272。直到现在，高压汞灯仍用于工业照明、路灯等领域。

汞蒸气灯通过长条形状灯管提供一种柔软的照明，如果被照射物体距离光源很远，这种柔光照明更加明显。采用汞蒸气灯的电影可以获取较好的立体感和气氛。不过，作为一种散射光源，汞蒸气灯并不能完全模仿太阳光，因为太阳光并不只有漫射，直射的情况更多，可以提供一种硬边（hard edging）的光线效果，同时会出现一种很直接鲜明的阴影投射。所以，汞蒸气灯的缺点就是不利于造型，因为不能提供直射光，无法满足一些剧情和场景的需要。20 世纪 10 年代晚期和 20 年代，很多摄影师开始在使用汞蒸气灯的时候搭配其他的光源，例如弧光灯。但是弧光灯并没有特别受欢迎，波德维尔解释这是因为弧光灯价格高，发光率低，难以控制[15]273。

2. 碳弧灯（carbon arc lamp）

在 20 世纪 10 年代的后半期，两种新的电影技术出现，一个是碳弧灯，另一个是漫射屏（diffusing screen）。这两个技术都来自其他艺术领域，前者来自剧院照明，后者来自静照用光。

碳弧灯在 1912 年被克利格兄弟公司（the Kliegl Brothers，一家弧光灯制造公司，由 Kliegl 兄弟创建）推向市场，由于安装了菲涅尔透镜（Fresnel lens），可以聚集灯光照在某个区域内，是全光谱的白光，和汞蒸气灯一样，与正色片的光谱特性相匹配。波德维尔介绍了碳弧灯源于舞台和街灯的历史，并指出，碳弧灯早在1846年就被剧院使用，电影摄影所用的弧光灯即从剧院用弧光灯改良而来。在电影以外的领域，碳弧灯在19世纪晚期已经被使用，但是直到电出现之后，碳弧灯才被大量利用。1910年之前，在日常生活中，碳弧灯代替了汽灯和油灯成为照明的主要光源。

和前文所说的低压汞蒸气放电灯不同，碳弧灯是一种点光源，能远远地发射强烈的直射光，常用于精确的直射光照明。虽然有一种品牌叫作阳光(Sun-light)的弧光灯既可以提供直射光也可以提供漫射光，但是，从1908年开始，弧光灯灯具主要用于布景的单独照明，以及早期的低调效果[15]273，这些场景的照明主要通过直射光来完成。所以说，这种弧光灯只能作为硬光或者直射光出现，能够使用的灯光效果很有限。

虽然弧光灯源于剧院照明，但是剧院领域的灯光使用和电影摄影的灯光使用可以说完全不同，因为剧院照明的效果是直接诉诸观众的眼睛，而电影摄影需要经过胶片化学转化，是一种感光的影像生成过程。

1913年的意大利电影《卡比利亚》(Cabiria)采用大量的弧光灯照明[6]33，营造了一定的明暗对比影像。到了1915年，聚光灯的效果赋予电影《欺骗》(The Cheat)独特的影像冲击力。影像上的明暗对比、低调摄影和阴影的创造性利用，使得本片成为默片时期的经典之作[15]322。

3. 钨丝灯 (incandescent light)

钨丝灯是一种白炽灯，通过金属长丝发光，这个原理和家庭照明使用的钨丝灯相同。钨丝灯照明是当时剧院照明的普遍形式，优点是不像碳弧灯那么热，很少的电就能使用，还能调节亮度。早在1919年，李·加梅斯(Lee Garmes)就主张使用这种灯光，但是直到1924年才被摄影师本·雷诺兹(Ben Reynolds)和威廉·丹尼尔斯(William Daniels)使用在埃里克·冯·施特罗海姆(Erich von Stroheim)的电影《贪婪》(Greed)中[15]273。

导演施特罗海姆的传记作者阿瑟·伦尼格(Arthur Lennig)认为

他的导演风格与格里菲斯的不同，认为格里菲斯是通过第四堵墙来看待场景的，而施特罗海姆却是通过不同的角度、深焦距、有意味的前景以及有效的镜头运动展现场景的[17]219。在影片《贪婪》中，摄影师经常采用一种高对比的、明暗对比的影像特征[17]76。

在影片《贪婪》中的那场婚礼戏里，我们可以惊喜地看到 1924 年的电影已经出现深焦距镜头——室内是婚礼场景，同时窗外有一场葬礼举行。这个深焦距镜头比《公民凯恩》的早 17 年之久[17]92。

笔者通过查阅资料发现，导演施特罗海姆想在影片《贪婪》中获得一种真实的影像效果。本片摄影师丹尼尔斯说，施特罗海姆是第一批坚持不给男演员化妆，坚持在有光泽的墙上刷真油漆，在窗户上装真玻璃，在布景和服装上用纯白色的导演之一。……在那之前，片场的一切都会被涂刷成暗褐色（He was one of the first to insist on no make-up for men on real paint on walls which were shiny, real glass in windows, pure white on sets and in costumes.…Everything up to then had been painted a dull brown.）[17]77。

导演施特罗海姆在一些场景中使用了钨丝灯（笔者无法确切获知具体哪些场景采用的是钨丝灯）。为什么使用当时并不常用的钨丝灯，而不是更常用的弧光灯呢？首先是为了满足影片实景拍摄的需要[18]，弧光灯受制于实景的限制。其次是因为钨丝灯的发光体较弧光灯更大，本身的光线就比弧光灯柔和，更容易形成自然的影像风格，而不是弧光灯直射光形成的高对比的硬光造型。

钨丝灯没有在早期电影摄影中起到真正的照明作用，造成钨丝灯使用滞后于其他灯具的原因，是钨丝灯光源的色温问题——正色胶片需要高色温的光线，而正色片对蓝色感光，钨丝灯的低色温光源对正色片来说效率十分糟糕。钨丝灯只能在全色片流行之后进入电影照明领域，那是 1928 年之后的事情了。

4. 灯光辅助设备

1910 年，利用太阳光作为逆光，使用反光板在演员的面前反光。在这个 10 年的后半段，两种新的电影技术出现了，一个是碳弧灯，另一个是漫射屏。后者是另一个新出现的摄影工具，这个工具在照片领域是早就有的，它可以柔化直射光线，使其在人物身上形成柔光，美化人物影像。这种光线效果特别符合美国电影明星制的要求。同时，其他相似的柔光设备也出现了，比如反光板、漫射板、平纹细布。通过柔光减少阴影，特别适合演员面部的拍摄。

三、非黑即白：摄影影像造型起步

电影摄影的造型意识和创作一直伴随着电影摄影的历史发展。电影摄影造型意识的出现时间，比笔者原本以为的要早；电影影像造型探索的深度也比笔者想象的要大。电影摄影进入摄影棚时代之后，摄影师就能自由操控人工灯具而不必再受天气的约束，很多有才华的摄影师在全黑的摄影棚里自觉或者不自觉地琢磨光线的造型和表现效果。早在电影诞生 10 年之后的 1905 年，摄影师就开始使用碳弧灯制造某种效果了。

比如 1905 年埃德温·波特的《七个时代》(*The Seven Ages*)中的"旧时代的影像效果"（the tableau of old age），是用碳弧灯在火把的旁边营造的。在 1913 年之前，这种效果的照明成为摄影师们熟知的技巧和标准 [19]。

（一）低调摄影出现

1911 年，阿尔贝·卡佩拉尼（Albert Capellani）的《里昂信使》[*Le Courrier de Lyon*；美版译作《奥尔良马车》(*The Orleans Coach*)] 中的强盗场面，利用低调光线营造一种神秘的氛围。同年，路易·弗亚德（Louis Feuillade）的《污点》(*The Taint*)利用同样的影像风格拍摄影片中的抢劫场面 [14]556。

这一阶段的瑞典电影无论在技术上还是在电影艺术的整体性上，都可谓北欧电影的劲旅。早期瑞典电影光线的最大特点，是利用瑞典的自然光摄影，在摄影史上形成独特的瑞典电影影像风格。在自然光的摄影中，瑞典电影的低调影像也同样突出。巴里·索尔特认为，

1911—1913 年间的瑞典摄影师善于用控制光线形成低调的影像，比如维克托·舍斯特伦（Victor Sjöström）的《英厄堡·霍尔姆》（*Ingeborg Holm*，1913）。美国电影在 1915—1916 年间大量采用低调影像布光方法，最为知名的是塞西尔·B. 德米尔（Cecil B. DeMille）的《欺骗》，摄影师是阿尔文·威科夫（Alvin Wyckoff）。其实，低调影像早在 1912 年维塔格拉夫公司的《良心》（*Conscience*）一片中就已经出现。此处不再举例。

（二）立体感

德国摄影师吉多·泽贝尔（Guido Seeber）在《布拉格的大学生》（*Der Student von Prag*，1913）中的外景是在布拉格的街道上拍摄的，其中已经具有伦勃朗的影像造型特点 [6]162，也是第一部采用高对比度光线创作的德国电影。虽然在 1910 年之前并没有什么重要的新技术出现，但是电影技术一直没有停止探索的脚步，很快就有一批新的技术出现。格里菲斯的《比芭走过》（*Pippa Passes*，1909）、《命运之线》（*The Thread of Destiny*，1910）、《伊诺克·阿登》（*Enoch Arden*，1911）都积极地探索新的摄影技术，其中《伊诺克·阿登》被认为是集中很多摄影技术的电影之一。在这些影片中，面部照明采用了柔光，即通过对逆光的反射进行补光，虽然这种用光是不是比利·比策（Billy Bitzer）首创还存在争议。格里菲斯在 20 世纪 10 年代中期，开始采用高比度的照明，营造深深的阴影。这种阴影的营造在早几年的丹麦和德国的电影中已经实现。塞西尔·德米尔也采用了这种打光方法，并用"伦布朗布光法"（Rembrandt lighting）命名，代表影片有拍摄于 1915 年的《弗吉尼亚的贫民窟》（*The Warrens of Virginia*）和《欺骗》。

苏格兰裔的电影制作人、影评家、作家马克·卡曾斯（Mark Cousins）认为"格里菲斯并未发明任何重要的电影语言，虽然早期电影历史学家和宣传人员对此持不同看法。然而，他的电影对剧中人物的内心世界却刻画入微，这一点是其他电影导演比不了的"，而且他还任由比策"自由地发挥自己的创意" [20]49。暂且不论格里菲斯的艺术贡献，我们确认比策运用晕渲和背光让演员的头发产生光晕，营造优雅迷人的影像风格，这在摄影史上的确具有历史意义。卡尔·布朗（Karl Brown）在《与格里菲斯的冒险》（*Adventures with Griffith*）一书中认为，比利·比策喜欢在镜头的边缘装饰上深色蔓藤花边，这样做能增加影像的质感[21]。他为《残花泪》（*Broken Blossoms*，1918）摄影时，将薄纱覆盖在镜头上，让气氛和色调变得柔和，影像更为罗曼蒂克，演员更好看。这种影像风格引领了接下来的 20 世纪 20 年代的"封闭性浪漫现实主义风格"[20]193。

在欧洲，法国的百代公司和高蒙公司在这一时期也对摄影光线造型进行了尝试。他们采用弧光灯照明，最初是为了提高照明不足的地方，满足曝光的需要；但是随着实践的发展，弧光灯很快成为给演员提供造型光线的工业要求。弧光灯之类的人工照明器材的使用，在当时十分普遍。因为电影的发展需要给观众呈现各种故事特有的视觉情境，比如火光，以及室内场景需要模拟出窗户的光线照明效果。

整体来说，这一时期的照明刚刚开始开发利用，初步具备造型意识的萌芽和尝试。在人们意识到电光源的使用价值和美学价值之后，电光源开始在美国和其他国家普遍使用，一些影片利用多种光源和细致的辅助设备作为电影照明的初步选择。

但是，这一阶段可选择的光源还是十分有限的，很难促进各种复杂的照明风格。摄影师想要通过多个灯具照明形成美观的视觉外貌和摄影风格还十分困难。三点布光——即主光（key light）、辅助光（filler light）、轮廓光（back light）——之类的细致的灯光技巧和影像效果，只可能在技术更加完备时出现。

本章参考文献

[1]   FIELDING R. A technological history of motion picture and television [M]. California: University of California Press, 1984: 123.

[2]   屠明非. 电影技术艺术互动史: 影像真实感探索历程 [M]. 北京: 中国电 出版社, 2009: 1-3.

[3]   BLAKER A A. Photography: art and technique[M]. San Francisco: W. H. Freeman&Company, 1980: 4.

[4]   布列依特布尔格. 高尔基与电影艺术 [M]. 胡英远, 等译 // 瓦依斯菲尔德, 维什涅夫斯基, 布列依特布尔格, 等. 高尔基和电影. 北京: 艺术出版社, 1956: 61-79.

[5]   GAUDREAULT A, DULAC N, HIDALGO S. A companion to early cinema[M]. New Jersey: Wiley-Blackwell, 2012: 129.

[6]   LEITCH M. Making pictures: a century of European cinematography [M]. New York: Harry N. Abrams, 2003.

[7]   KOSZARSKI R. An evening's entertainment: the age of the silent feature picture, 1915-1928[M]. California: University of California Press, 1994.

[8]   曾念平. 论摄影物质材料的美学功能 [M]// 崔君衍, 张会军, 王秀. 北京 电影学院硕士学位论文集. 北京: 中国电影出版社, 1997: 1-70.

[9]   BORDWELL D, STAIGER J, THOMSOM K. The classical Hollywood cinema: film style and mode of production to 1960[M]. New York: Columbia University Press, 1985: 281.

[10]   SALT B. A very brief history of cinematography[J]. Sight and Sound, 2009, 19(4): 24-25.

[11]   图莱. 电影: 世纪的发明 [M], 徐波, 曹德明, 译. 上海: 上海译文出版社, 2006: 145-146.

[12]   刘永泗. 影视光线艺术 [M]. 北京: 北京广播学院出版社, 2000: 270-271.

[13]   程步高. 影坛忆旧 [M]. 北京: 中国电影出版社, 1983.

[14]   ABEL R. Encyclopedia of early cinema[M]. London/New York: Routledge, 2010.

[15]   BORDWELL D, STAIGER J, THOMSOM K. The classical Hollywood cinema: film style and mode of production to 1960[M]. New York: Columbia University Press, 1985.

[16] BAXTER P. On the history and ideology of film lighting[J]. Screen, 1975, 16(3):83-106.

[17] LENNIG A. Stroheim[M]. Kentucky:The University Press of Kentucky, 2000.

[18] KOSZARSKI R. The man you loved to hate: Erich von Stroheim and Hollywood[M]. Oxford:Oxford University Press, 1983:134.

[19] MCKIM K. Cinema as weather:stylistic screens and atmospheric change [M]. London/Oxford: Routledge, 2013:168.

[20] 卡曾斯. 电影的故事 [M]. 杨松峰，译. 北京：新星出版社, 2009.

[21] BROWN K. Adventures with Griffith[M]. New York:Farrar Straus and Giroux, 1973:124.

第四章 全黑摄影棚: 非黑即白与多层次的灰

  世界电影进入 20 世纪 20 年代, 电影本体语言的意识已经进入自觉阶段, 特别是影像造型意识; 在创作方面, 大量具有独特影像风格的影片涌现出来。这一时期著名的电影美学流派包括德国表现主义电影、好莱坞电影的戏剧用光、法国先锋派电影等。

  在这一时期, 创作者饱含激情地对电影影像造型表白, 他们的电影影像造型意识十分明确。其中, 很多创作者呼唤电影艺术对电影光线的重视。法国导演阿贝尔·冈斯 (Abel Gance) 说, 影像的时代已经来临, 我们需要光线的基本知识。《蓝天使》(*The Blue Angel*, 1930) 的导演约瑟夫·冯·斯登堡 (Josef von Sternberg) 对电影光线的认识充满哲学和宗教气息, "要有光, 于是便有了光。上帝是第一个电工。在光来到之前, 万物不在。光意味着火光、温暖和生命。没有光, 世界一片空无。黑暗的王国即是坟墓" [1]41。

  巴里·索尔特似乎不想高估20世纪20年代的电影影像价值, 他认为: 在整个 20 年代, 摄影界仍然处于光线造型的初期和探索阶段, 对于风格的把握还处于不确定的状态中, 只是按部就班地沿用既有的方法拍摄, 很少有离经叛道的行为。不过, 他同时认为: 不同的制片体制下的创作方法会逐渐形成各自独立的特色, 比如和美国好莱坞电影不同, 欧洲电影力求用更少的灯具和技巧达到美国电影的效果 [2]。

  笔者认为, 对于电影, 我们应该具有历史的观点, 把现象置于历史的语境中考察。纵观20世纪20年代的电影摄影风格, 我们可以看到, 这个阶段是电影影像探索真正开始的阶段, 对世界电影摄影有很大的贡献。这些贡献包括德国表现主义电影影像、好莱坞电影的戏剧性用光等美学财富。其中, 好莱坞电影的戏剧性用光技巧发展于 20 世纪 20 年代, 成熟于 30 年代, 其中最著名的摄影技巧就是好莱坞的"三点布光"，它对世界电影摄影史来说十分重要 [3]112，也成为影响电影电视领域人物布光技巧的快速有效的方法之一。

这一时期是电影技术急剧变化的时期，出现了众多具有历史意义的电影技术变革并得到有效利用。正如观众看到的，在 20 世纪 20 年代，电影技术发生了两大革命性的历史变革：电影声音和电影色彩。这两大变革影响着电影摄影的影像风格。

在电影技术变革的历史过程中，更多的技术细节可能不是那么引人注目，但是，正是这些技术细节影响着电影的影像造型风格，组成了电影摄影技术的历史宝藏。20 世纪 30 年代的很多技术革新发生在这些领域：更快的镜头、更快的底片（保证细腻的画质）、便携而大功率的灯光。

第一节　共存：正色片与全色片

一、感光度

黑白底片的感光度在 1938 年之前并没有太大提高，直到 1938 年，底片的感光度才有了显著的提升。尼克·莱西认为，在 20 世纪 20 年代之前，整个底片技术还在缓慢地发展。他提供的资料表明，柯达分别于 1916 年和 1917 年发布了 Cine Negative Film Type E 底片和 F 型（Negative Film Par Speed Type 1201）底片，这两种都是正色片，并不比原来的正色片感光度高，只是在锐度和颗粒上有提高 [4]。

在整个 20 世纪 30 年代，一大批快速感光乳剂出现，感光材料的感光性能得到快速提高。感光度上的真正变化发生在 1938 年，这一年，杜邦、爱克发和柯达推出新底片，这些底片的感光度在 ASA 64 ～ 120 之间，感光速度是一般底片的 3 ～ 8 倍 [3]164。感光度的增加使得摄影师可以采用小孔径镜头，同时可以达到增大影像景深的目的。1941 年奥森·韦尔斯的《公民凯恩》的大景深就和底片感光速度有密切关系（下一章论述）。

二、全色片

（一）1926 年之前：全色片的实验

1913 年，柯达公司开始在纽约州的罗切斯特（Rochester）总部试验全色胶片负片[5]。

1913 年的 9 月全色片进入市场，但是全色片价格高，感光度低于正色片，且物理性能不稳定，保存期只有几周。

直到 1922 年，全色胶片才真正开始使用。这一年，由内德·范布伦（Ned Van Buren）掌镜的影片《无头骑士》（*The Headless Horseman*），是电影史上第一部完全使用全色片的作品。次年，该全色片成为柯达的通行胶片，后来命名为 Kodak Type 1203；但是，全色片诞生后面临的工业处境却有些尴尬。洗印部门抵制它，因为洗印部门常用的正色片洗印技术无法满足全色片的洗印要求，同时摄影领域缺乏熟悉全色片的摄影师，成本也较高。这些不利因素使得这种全新的全色片技术只能在电影的某些场合使用，比如需要规避正色片的缺陷时。

同样道理，弗莱厄蒂在 1923 年采用了全色片拍摄纪录片《莫阿纳》（*Moana*），只是因为正色片的影像效果非常不理想才不得不采用全色片拍摄。并且，由于洗印公司的拒绝，弗莱厄蒂不得不自己在山洞里用山泉洗印[6]140。

随着弗莱厄蒂在纪录片《莫阿纳》中的成功尝试，全色片逐渐被接受，特别是在拍摄具有异国情调的场景时。1923 年前后，亨利·金（Henry King）在意大利通过拍摄《罗莫拉》（*Romola*）认为全色片感光度比预想的要高。全色片对红色和黄色的敏感，使得胶片的曝光速度比正色片的更快，全色片的需求逐渐旺盛[5]。

1926 年是全色胶片全面取代正色片的标志性年份。1926 年全色片的价格和正色片胶片的价格持平，再加上 1923 年弗莱厄蒂的《莫阿纳》使用全色片的成功，这些事实说服好莱坞转变观念和做法，直至 1930 年不再继续使用正色片。而在刚刚过去的 1925 年之前，好莱坞基本还在使用正色片拍摄电影。1934 年推出的具有防光晕层的胶片，可以减少来自片门的反射光，可以拍摄高光的物体 [7]。胶片技术的进步使得全色片逐渐完善，胶片摄影工艺进入一个新的阶段。

（二）正色片到全色片的转变

有人或许会认为，全色片一经面世就得到摄影师的追捧；其实，并不是这样的。全色片在初期并不完美，电影工业的相关部门也没有做好准备，因为现存的设备都是为正色片准备的，比如洗印部门。这就是为什么全色片出现之后，摄影师还是坚持使用正色片。待到全色片得以改进，且相关技术部门做好准备之后，它才成为摄影师的首选和电影工业的翘楚。

正色片的问题在于对光线光谱的不完全敏感，尤其对红色和黄色不敏感。而全色片正如其名，对所有的光谱都敏感。对摄影师来说，在其他条件相同的情况下，一般会选择全色片；因为全色片对所有光谱都敏感，在影像上的反映就更加真实，不再需要像正色片那样特意改变场景的颜色才能得到满意的影像效果。全色片不仅改进了影像的质量，也提高了制作的效率，因为不再需要额外费时的烦琐化妆、布景等工作。这些技术带来的便利不仅利于摄影师工作，也给企业提高利润提供了条件，所以，只要相关条件具备，新技术的推广只是时间问题。但是，在 1926 年之前，全色片并没有获得正色片那样的待遇。

正色片的缺点，是云彩不能得到真实还原，蓝天呈现为一片灰白，白天拍夜景即使加上滤镜也仍然困难，金色的头发变成黑色，浅蓝色的眼睛变成灰白。

但是，摄影师可以通过技术手段消除上述感光缺点：在镜头前加上橙色滤镜还原蓝天白云，因此造成的橙发可以用逆光解决；对于蓝色眼睛在正色片上的还原问题，很多摄影师用加黄色滤镜来解决。黄宗霑是在演员面前放置一块黑色绒布，以此增强演员眼睛颜色的还原效果；通过改变场景和人物的颜色，避免影像中出现不必要的颜色，比如把衣服涂成黄色或粉色；导演和摄影师戴着蓝色眼镜取景 [8]。正色片不需要洗印就可以在红光下检验影像。

但是，不能说正色片的对比度比全色片的高。即使在全色片的通用时期，拍摄物体也通常是偏灰白的。在正色片电影中出现的白色衬衣的高光，在全色片中同样会出现；只不过，全色片之后，颜色校正的问题就不会出现了 [8]。全色片和正色片共存的时期，因为感光度没有正色片高，所以全色片多用于外景的拍摄或某些原来正色片拍不了的场景（天空、云彩等），或者用于拍摄人物特写，而这些恰好是正色片的短板。全色片的飞跃，在于 1922 年全色片的感光度提高一倍 [8]。这个进步使得摄影师可以用全色片加人工灯光拍内景，还可以在外景拍摄天空。亨利·金的《罗莫拉》以及此片之前的被誉为"第一部全色片"的《无头骑士》，全部使用全色片拍摄。

由于价格、工业转型等因素，直到 1925 年，全色片才取得突破。约翰·格里尔森（John Grierson）在全色片通行之前，曾抱怨柯达在技术提升方面太缓慢 [8]。全色片用于内景拍摄，导致摄影灯光方式的改变，即更好地使用柔光以及促进摄影滤镜的正确使用。同时，由于全色片的感光光谱特性和钨丝灯相互匹配，促进了价格低廉的钨丝灯的应用，从而使得全色片进入一个良好的发展环境。全色片通行之后，"马兹达"（Mazda）系列灯组（钨丝灯的一种）被广泛使用，原因就是全色片照明需要大量的钨丝灯。

在影像上，全色片和正色片相比较，优势在哪里？在于全色片规避了正色片的缺陷，比如化妆之类人为手段给影像带来的不真实感，面部再现比正色片自然细腻。我们对比全色片和正色片的人物特写就会发现这一点，所以，在这个意义上，好莱坞那成就明星制的"三点布光"也得益于全色片的摄影技术。

在摄影操作上，全色片改变了正色片时代的通常做法。卡尔·特奥多尔·德赖尔（Carl Theodor Dreyer）的《圣女贞德蒙难记》（*La Passion de Jeanne d'Arc*，1928）使用了新出产的效果不错的全色胶片，使得演员不用化妆就可以演出。据资料记载，该片的女演员之前没有演过戏，这也是她毕生唯一的一次演戏。她几乎没有化妆，在大银幕里，她脸上的雀斑都清晰可见。这种清晰再现面部细节的能力，在正色片时代是不可能获得的。该片主要在室内拍摄完成，场景的墙壁漆成粉红色，用于消除上面的眩光，以免影响到女演员的面部表情 [3]108。

关于全色片的优势，柯达发行的技术手册上写道，全色片的优势体现在人物面部的特写、肤色的精细再现、整个影像的自然感觉、外景的真实感觉和蓝色天空的真实再现[8]284。这些优点恰是全色片的感光特性决定的。

关于全色片和正色片的对比，我们必须摒弃一些错误的观念，如认为正色片比全色片的感光度低、对比度高。其实，在 1928 年柯达 Type2 底片出现之前，全色片的对比度比正色片更高。在默片时期，占统治地位的正色胶片可以提供硬边照明和柔光照明[8]285。

第二节　技术：精确控制

一、摄影机镜头技术

本书第二章已经指出，1920 年米切尔摄影机面世，它的主要特性是优秀的对焦系统、拍摄齿轮架、齿轮可变快门和推拉式取景，摄影师可以直接通过镜头构图和取景，而不用再变动镜头和光圈。可见，这一款米切尔摄影机以精确见长，在电影有声之后，它的低噪声也很受欢迎。

在电影默片末期之前，随着电影摄影造型意识的发展，各摄影美学流派的探索，比如德国表现主义电影和好莱坞电影对光线的利用，使得电影摄影对快速镜头的需求日趋强烈。因为快速镜头能减少灯光的费用，可以在阴天和室内拍摄，还能获得更好的影像质量，达到各种想要的影像效果。

随着电影工业分工的细化，电影技术公司和制片公司明确分工，专门研发电影摄影镜头的公司应运而生，比如英国库克、德国蔡司等。所以，进入 20 世纪 20 年代之后，欧美的电影摄影机的镜头，一般是和电影摄影机的机身分开出售或者出租的，这一点与早期电影先驱的情况不同，早期的摄影机镜头往往属于公司自己所有。专门研发摄影机镜头的公司提高了电影摄影机镜头的质量。

1927 年，电影摄影领域最快的镜头孔径达到 f/1.5，而 1925 年之前，镜头速度一般在 f/2.3，f/2.7，或者 f/3.5，内景场景一般采用 f/2.7 的镜头。1926 年，f/1.6 已经很普遍[8]284。

二十世纪二三十年代，出现了一种在当时比较重要的镜头——施特鲁斯镜头（the Struss pictorial lens），由卡尔·施特鲁斯（Karl Struss）设计，它原本是一个静照用镜头。卡尔·施特鲁斯把它做了改良，采用弯月透镜（meniscus lens），形成柔焦点（soft focus）的影像[9]49。

二、光线测量

测光工具是一种光线控制的辅助设备，用于测量光线的强度、反射光的类型。在一些摄影师看来，电影摄影中的光线测量似乎是多余的，尤其在数字摄影流行的时代，光线测量有时被摄影师的眼睛取代。相信感觉，不相信技术，对于这种数字摄影的状况，在日本创作和研究多年的摄影师池小宁（已故）有自己的看法。他认为，在日本，摄影师不用示波仪监看影像曝光数据是不可思议的，然而，我们进行数字摄影要想找到一台示波仪还是比较困难的事情。他质问道，摄影师用肉眼判断曝光，你凭什么？池小宁在接受采访时表示，中国摄影师一定要在数字电影技术上坚持标准，现在坚持标准的只有曾念平[10]。"现在坚持标准的只有曾念平"是否属实尚可争论，其实，池小宁的观点就是强调控制曝光的测量工具的重要性。的确，人眼的感觉在艺术创作中很重要，但是人眼在视觉判断中的缺陷和不足，研究者也不应该无视。况且，不同的摄影师和数字后期人员之间的感觉都是不一样的，而这种差异在艺术交流的时候往往成为一种障碍。事实上，影像技术人员（摄影师和后期工程师）之间往往使用具体的影像参数进行交流，而不是依靠对影像的色调、对比度等影像特征的感觉。

人们利用测光工具测量光线的愿望，在中世纪时代就具备了。物理学家阿瑟·扎伊翁茨（Arthur Zajonc）在专著[11]中追溯了光线的测量观念，在中世纪欧洲已经出现"Luce"这个称呼，它的意思是"上帝的发射物"，用于表示反射光的测量单位。现在，"Luce"这个词语统称为"Lux"（译为"勒克斯"，单位面积上接受的光通量称为"照度"，用 E 表示，单位为"勒克斯"）。摄影发明之后，人们想要测量光线的愿望更加强烈，技术试验从来没有停止。1915 年发明的哈维测光表（the Harvey Calculator）还只是一个测光的计算尺，后来经过沃特金斯计量公司（the Watkins Actinometer）和其他相关专业公司的革新，用于测量反射光，取得较为满意的效果。但是，这种测光表在使用时还是存在缺陷，就是摄影师在读取这种测光表的时候，难免有些主观，不同的人会有不同的读数。因此，老一代的摄影师称这种不是十分准确的测光表为"猜光表"（Guessometers）[6]149。

20 世纪 30 年代之前的电影摄影师不依靠测光工具，是因为没有真正可靠的测量工具。在欧洲，即便是今日，仍然有一些摄影师不依靠测光工具，但是，我们只能说这一类摄影师具备丰富的经验和超常的直觉，而不能说测量光线的技术是不重要的。

没有测光技术的摄影师怎样确保曝光的准确？20 世纪 30 年代光电测光表被普及使用之前，摄影师似乎只能依靠经验和直觉，就是用眼睛测光；其实，我们阅读历史就会发现，当时的摄影师一定不会忽视一个技术环节——拍摄样片做测试再回来调整。这种测试环节在今天的胶片和数字领域仍然是一个重要的技术环节。另外，波德维尔提供的资料说，20 世纪 20 年代前后，环球公司的摄影部门有一个标语这样提示摄影师——"如果拿不准，请用 5.6 的光圈"（If in doubt, shoot at 5.6）；曝光"拿不准"，是因为那时没有可靠的测光技术可用。波德维尔同时指出，在当时的技术背景下，的确有很多人崇拜那些不用测光表就能准确曝光的摄影师，但很少有摄影师可以轻松做到。

三、照明技术

全色片在 1927 年全面取代正色片，感光材料的变革引起了摄影材料相关部门的一系列变革。其中，以库珀－休伊特为代表的汞蒸气灯退出市场，弧光灯开始大量使用，但由于弧光灯自身的问题，原本被电影工业搁置的钨丝灯成为市场主角。在这些照明器材的新旧更迭中，起决定性作用的因素，是感光材料的感光特性。

（一）弧光灯

弧光灯早在 1916—1917 年就可用于光线造型，给大面积场景照明，形成一种更加具有雕塑感的灯光效果。《钟楼怪人》（*The Hunchback of Notre Dame*，1923 ）使用了 37 个弧光灯营造壮观的影像，但是制片厂需要更多实用的灯光技巧。这种需求要求弧光灯尽快提供技术支持。

弧光灯的大量采用是因为全色片对所有的光谱都感光，这导致以库珀 - 休伊特为代表的汞蒸气灯退出市场，弧光灯暂时占领市场。但是弧光灯的缺陷也很明显。相比库珀 - 休伊特的灯光，弧光灯（碳棒弧光灯）太热，剧组不得不单独配备电工，它还有点"脏"（dirty），它发出的大量强烈的紫外线会伤害演员和摄影师的眼睛，导致一种叫作"Klieg eyes"（电影眼）的眼病（因这种碳棒弧光灯的发明人是克利格兄弟，故得名）。这种眼病让眼睛红肿胀疼，让演员很不舒服，所以很多演员会在工作间隙戴上眼镜，以抵御弧光灯带来的视觉刺激。据说好莱坞明星流行戴墨镜与此有关，这恐怕难以论证。

不过，对于摄影影像造型来说，弧光灯的最大问题是直射光，很难形成漫射光线，因此，摄影师还不能完全依赖这种照明灯具，特别在有声电影的早期，在电影影像和声音同步录制的时候，弧光灯发出的噪声让声音技师一筹莫展，这也是影响弧光灯进一步推广的原因之一。

（二）钨丝灯

钨丝灯之所以能于 20 世纪 20 年代末期占据电影摄影材料的主要位置，是因为正色片被淘汰出摄影材料市场，以及全色片的流行和钨丝灯自身技术的改良。

当然，在 20 世纪 10 年代，一些摄影师用正色片搭配钨丝灯拍摄人物特写，但当时的钨丝灯功率还不是太大，更糟糕的是，钨丝灯的红色光谱太多，适用于正色片的可用光就更少了。所以，钨丝灯的使用完全受制于正色片的感光特性。

钨丝灯的重大变化发生在1920年，巧合的是，这一电影技术的进步也源自对舞台照明的探索。美国久负盛名的舞台剧女演员莫德·亚当斯（Maude Adams）认为只有彩色电影才能更好地表现彼得·潘。但是，当时的灯光技术无法实现舞台艺术家的艺术想象。莫德不仅是一名舞台剧女明星，还是一位舞台灯光大师；她和通用电气公司（General Electric）的技术人员一起研究开发适合室内彩色摄影的灯光，从而推动了钨丝灯的研发。

早在1922年，1万瓦数和3万瓦数的钨丝灯已经问世，维克托·米尔纳（Victor Milner）认为钨丝灯会很快取代弧光灯，但是直到1927年钨丝灯的使用还是少有进步。1927年，由于全色胶片的大量增加，钨丝灯才得以被大量使用。恰好在1927年，莫尔－理查森公司（Mole-Richardson）在好莱坞建立，这是一家生产白炽灯的重要厂家，其出产的大量电影照明设备得到迅速发展。

在与全色片的色温匹配上，钨丝灯的色温比弧光灯的更加匹配，同时钨丝灯省电，省时，省人力，所以在解决了灯光色温匹配的问题之后，这种灯具被大量使用。更重要的是，巴里·基思·格兰特认为，由于弧光灯的噪声在有声电影出现之后，干扰电影录音，而汞蒸气灯已被淘汰，所以钨丝灯的使用量一度大增。在1930年前，弧光灯改进了噪声问题之后，才得以进入电影制作领域，成为白炽灯的补充[12]105。

（三）聚光灯

根据《纽约时报》（*The New York Times*）的报道，摄影师哈里·菲施贝克（Harry Fischbeck）发展了一种新的照明体系，发展了聚光灯的优势。他利用聚光灯产生明暗对比，就像画家在画布上使用刷子和颜料一样。这使得每一个影像像一幅画一样，人物在场景中特别突出。哈里·菲施贝克这种影像风格的典型作品是《风流贵族》（*Monsieur Beaucaire*，1924）[6]151。

20世纪30年代晚期，出现了两个新型灯具，一个是具有菲涅尔透镜的聚光灯，另一个是大型弧光聚光灯"Brutes"（一种大功率弧光灯）。其中菲涅尔透镜的聚光灯安装有大尺寸的镜片和抛物线形状的反光镜头，能汇聚光线，提高光线的利用效率，还能调整光线的方向和角度，有时被摄影师用于"精确照明"（precision lighting）。明星的迷人光线开始出现。约瑟夫·冯·斯登堡专门为玛琳·黛德丽（Marlene Dietrich）设计了一套打造人物面部魅力的照明体系。

迈克尔·利奇在其编著的著作中介绍了这种照明方法：把照明和化妆结合起来，利用高光和阴影的对比形成面部狭窄的感觉，同时形成高高的颧骨。该部著作同时还介绍，为了不使鼻子显得太突出，可以在鼻子中间画上一条白线；为了增强主光的反射，可在下眼睑的边缘画上一条白线 [1]56。

第三节　影像特征：多层次的灰

20 世纪 20 年代，运动摄影大行其道，各种摄影机的推轨、横摇、直摇（tracking，panning and tilting）等镜头运动手段集中出现，典型的影片是弗雷德里克·威廉·穆尔瑙（Friedrich Wilhelm Murnau）导演拍摄于 1924 年的《最后一笑》（*The Last Laugh*）。这种运动摄影使得摄影师的工作变得重要，摄影师的分工更加明确，操机员、焦点员和灯光师各司其职。在 20 世纪 20 年代，电影摄影师的职能独立出来，大部分导演把影像的权利交给摄影师。具有艺术自主性的摄影师自然会从传统艺术中吸取营养，少数有创造性的导演会和同样有才华的摄影师组成创作伙伴，从现代艺术中获取营养。比如，弗里茨·朗（Fritz Lang）从集合抽象艺术中获得营养，谢尔盖·M. 艾森斯坦（Sergei M. Eisenstein）从先锋艺术中获得灵感。虽然导演汲取的这些艺术营养和摄影师并没有直接的关系 [2]，但是，导演的艺术构思毕竟需要摄影师通过影像来呈现。所以，有才华的摄影师总能在影片的整体构思下，创造性地利用技术，呈现具有一定独特性的影像风格。

20 世纪 20 年代的电影摄影在光线和运动摄影上都具备独特魅力，本节主要论述这一时期的光线特征。

一、细致的光线控制

（一）分区域打光

在"一战"（1914—1918）之前，电影摄影师对演员的照明和对场景的照明往往是不分开的，通常合在一起统一照明。"一战"之后，在二十世纪二三十年代，由于电影摄影灯光技术的细化和好莱坞电影明星制的要求，美国电影逐渐出现场景和人物分别打光的拍摄技巧。在好莱坞，从照片领域转行过来的摄影师借鉴静照的肖像摄影，开始精雕细琢地布光，比如查尔斯·罗切在经典好莱坞时期的创作[2]。

好莱坞电影明星制要求摄影师拍出明星的魅力，"三点布光"成为塑造明星魅力的工业标准。其实，根据资料显示，最初20世纪20年代是四点布光，有两个逆光。这种打光方法在1925年前后派拉蒙出品的电影中很常见，比如《为人父母？》（*Are Parents People？* 1925），为了柔化明星的面部，还采用了柔焦点的影像特征[2]。柔焦点的问题下文再论。

（二）光效的细化

20世纪30年代聚光灯的大量出现，使得摄影师能较为精确地控制光线，更精细地设计灯光，完成不同的光效。这种精细雕琢灯光的方法和风格，在经典好莱坞时期特别常见，这既是为了满足好莱坞明星制的要求，也与当时各种不同灯光材料的物质支持有关。经典好莱坞时期的著名摄影师约翰·奥尔顿（John Alton），于1949年出版了《用光作画》（*Painting with Light*，无中文版）一书，该书涉及电影摄影技术技巧、摄影材料、好莱坞黑白摄影等不同的领域。首先，约翰·奥尔顿在书中介绍了大量精细的灯光设备，包括大小不一、形状各异的挡板，黑旗和蝴蝶布，等[13]11。可见，在二十世纪三四十年代，好莱坞灯光设备的完善程度已达到十分细致的地步。

同时，约翰·奥尔顿按照光线的不同把电影分为三大风格：正剧的、喜剧的、神秘的。他认为不同风格的电影，在摄影光线上也会有不同的要求。比如，喜剧电影风格一般采用高光，神秘电影风格在光线上大都低调。在该书中，约翰·奥尔顿还细致描述了眼神光（eye light）、衣服光（clothes light）、强聚光（kicker light）等八种不同光效的光线设计 [13]99。当然，这些细化的光线设计是以"三点布光"为基础演化而来的，但是，在电影摄影史上，这些技巧已经迈入电影摄影造型的高度。20世纪30年代的电影造型已经达到如此精细的程度，这在20世纪20年代是只可想象却无法实现的，因为10年前的灯光技术还达不到这种水平。这种差距归结到灯光材料上，其实就是30年代出现了更多不同功能的灯光材料，也就是说，那时摄影师手上可利用的工具更多了。

二、柔光与硬光的技术因素

在整个默片时期，电影先驱者们都在强调硬边、硬焦点（hard focus）和景深。1927年起，全色片逐渐成为电影摄影底片的优先选择，在这个历史性的转变过程中，电影影像发生了微妙的变化——开始从正色片的硬边向全色片的柔边（soft edging）变换。直到现在，观众仍认为柔和的画面看起来更加自然舒服。因为，对比度强烈的影像毕竟与人们看到的现实世界差距太大了。

好莱坞在20世纪20年代有两种明显不同的风格共存，一种是硬焦点的影像，另一种是软焦点的和漫射光营造的影像。电影摄影影像的"柔化风格"是一种通常的说法，具体是指采用漫射光之类的照明、低对比度的冲洗，以及滤镜、柔光纱布、软边装饰、烟雾等一切可以柔化影像的手段，包括柔焦点的画面或者整个影像的柔化效果。所以，电影影像的"柔化风格"并不是专指柔焦点影像，而是指整个影像风格的柔化处理。

但是，这种柔光影像与有声电影早期某些影片的柔和灯光或许不同，比如《日出》（*Sunrise: A Song of Two Humans*，1927）、《第七天堂》（*Seventh Heaven*，1927）和《暴风雨》（*Tempest*，1928）。在这些

早期有声电影中，用柔光模糊了边缘的影像，是与暗沉的黑色以及微光闪烁的高光相联系的 [8]342。

波德维尔根据材料说明，电影摄影的"柔化风格"是从静照领域引入的 [8]342。美国电影摄影到了 20 世纪 20 年代，柔焦点的影像已经很常见。这种模糊的、具有艺术性的照明风格以及柔焦点的影像，在比利·比策摄影的《残花泪》中成为显著的影像特征。在我们赞叹格里菲斯和比策的才华时，不得不提到亨德里克·萨托夫（Hendrik Sartov）的贡献。萨托夫原本是一位肖像摄影师，以柔焦点摄影闻名，是与大卫·格里菲斯成功合作的另一位摄影师，名气一度超过比策。在拍摄《残花泪》的时候，他加入本来由比策担任摄影师的剧组，和比策一起分享一份摄影师薪水。在格里菲斯接下来的电影中，他完全接替了比策的工作。1927 年，有声电影的出现调整了柔光的照明，但仍然保留着柔光的影像风格（焦点和影像对比度），其中，技术方面的原因如下。

（一）感光乳剂的感光速度

如前所述，在整个 20 世纪 30 年代，感光材料的感光性能得到快速提升，一大批快速的感光乳剂出现，特别是在 1938 年，爱克发、杜邦和柯达推出了一些优质的黑白底片（Agfa Supreme、DuPont Superior 2、Eastman Plus-X、Super-XX）。更快的底片不仅保证了细腻的画质，也在一定程度上减少了造型性灯光的使用，如德国表现主义那样的硬边影像已不多见，代之以柔和自然的光线风格。

全色片的感光度在初期是很低的，对比度也很高。为了改变这种状况，柯达在 1931 年推出"超感全色片"（Super Sensitive Panchromatic），这是一种专用于钨丝灯照明（如马兹达灯光）的胶片；1938 年柯达又推出了一种低对比度的底片，感光度更高。这些底片都能形成低对比度和高光的柔和效果。波德维尔说，这种底片的支持者认为，使用之前的胶片，只能通过灯光和滤镜实现这种柔和的效果，而现在这种胶片自身就能提供柔和的影像效果 [8]343。

在接下来的几年中，柯达完善了"超感全色片"，在底片上加了防光晕层，可以获得更明亮的影像、更多的阴影细节。在接下来的两年里，柯达的竞争者爱克发和杜邦也开发了类似的底片。同时，其他相关公司也在跟随改革的步伐，比如博士伦公司（Bausch and Lomb）专门推出了适用于柯达快速底片的镜头——雷塔镜片（Raytar lens）[8]583，好莱坞彩妆大师蜜丝·佛陀（Max Factor）推出了他最为人称道的发明——铁盘粉饼（pancake），改进了化妆的技术[8]596。摄影师们在琢磨怎样更好地使用这种新型底片，而不再如正色片时期那样改变场景和人物的颜色。

（二）钨丝灯

20 世纪 30 年代的大量技术革新发生在这些领域：更快的镜头、更便携的大功率灯光等摄影材料。莫尔－理查森公司在 1935 年采用菲涅尔聚焦镜头完善了钨丝聚光灯，同时改良了轻型的、可以控制的弧光灯。这样一来，发光性能好的灯具配合快速的底片，可以用于降低布景照明的强度，一般采用 70% 的强度[8]343。进入有声电影时代后，弧光灯就再也没有离开过摄影师的工具单，只不过，在 1935 年，弧光灯联合钨丝灯，成为 20 世纪 30 年代重要的照明光源。

更加重要的是，钨丝灯的照明在当时还不能保证让影像具有优秀的清晰度。当时的摄影师卡尔·施特鲁斯和查尔斯·罗切都在抱怨，使用了马兹达灯光之后，场景中不同颜色的人物和布景会"混在一起"（blended），比如在拍摄两个身穿黑色衣服的人物聚在一起的时候，会形成一种模糊的、雾化的视觉效果，而弧光灯能够区分人物衣服的细致纹理。

（三）低对比度的冲印条件

20 世纪 20 年代，电影洗印完成了从手洗到自动化洗印的转变。1927 年之前的电影洗印是一种纯手工操作，技术史上有一套著名的洗印系统叫作"槽架冲洗系统"（the rack-and-tank system），就是一种手工洗印工艺。在电影印片技术上，常用的印片设备是1911年的"双工"（the Duplex），它可以改变印片的密度，可以提供18种不同的密度范围[6]157。但是，手工操作容易划伤底片，这一缺陷推动了自动洗印技术的出现。1913年，柯达才安装自动化的洗印设备，但人工的手段仍然存在，人们认为老式的手工洗印可以校正摄影曝光的问题。有人认为，摄影底片的密度应该一致（一个光号，"one-light" negatives），但是，1925年，双工电影实验室洗印公司（the Duplex Motion Picture Laboratories）的技术总监艾尔弗雷德·B. 希钦斯（Alfred B. Hitchens）认为洗印部门可以通过配光达到底片密度一致。不过，自动的洗印并没有就此实施，直到默片末期，人们才真正信赖电影底片洗印的自动化技术——1928年才在保罗·莱尼（Paul Leni）的《笑面人》（*The Man Who Laughs*）中被采用——靠它改良了很多的问题，这是手工洗印做不到的[6]157。

自动洗印系统（automatic developing）是一种标准化的系统，早在20世纪30年代就已经出现要求电影影像洗印标准化的呼声，福克斯公司要求的是胶片洗印的标准化，米高梅提出特有的"优雅、有格调、忧伤（Sentimental）"的米高梅风格，要求一些摄影师不必再使用漫射的滤镜拍摄，洗印部门可以统一对电影胶片做柔化处理[8]342。

如前所述，电影影像能达到何种效果，不仅和摄影创作有关，也和底片的洗印技术和操作有关。作为电影影像的一个环节，电影洗印条件对影像的影响很大。波德维尔认为，20世纪20年代的电影洗印和之前的相比，有堪称革命性的巨大变化。在这一时期，电影洗印首次实现了洗印机械化，使得同一批胶片的洗印得以统一化和标准化。这一技术使得原来的手工洗印发生转变，洗印部门一般按照工业化的标准，以中等对比度统一洗印同一批胶片。这一做法也使得20世纪20年代的柔光影像风格得以进一步确定。

（四）电影工业对于影像创作的反馈

在工业语境下，一旦灯光的风格发生转变，电影制作的相关部门和因素也会随之发生变化。

波德维尔认为这种柔软影像风格的获得源于照片领域。当时照片领域的风格是，如果照片具有一种模糊的柔光，会被认为是艺术的、具有绘画般的美感的 [8]342。

在 1920 年之前，摄影师可以利用施特鲁斯镜头以及其他技巧获得柔软的、漫射的影像效果（softly diffused pictures），但是并没有获得赞同。一次，著名摄影师约瑟夫·迪布雷（Joseph Dubray）在美国电影工程师协会（SMPE）的某次公开场合赞同了这种风格，之后遭到该协会其他成员的非议，认为"这样的影像太模糊，因为普通人都希望自己的影像看起来清晰" [8]342。的确，当 1928 年的影片《马路天使》（Street Angel）的底片交付洗印厂洗印的时候，竟然遭到洗印部门的拒绝，虽然此片后来因为摄影师欧内斯特·帕尔默（Ernest Palmer）的浓重雾镜获得了第 2 届奥斯卡金像奖"最佳摄影"提名。

波德维尔还认为，当时有一些电影院抗议说这样很难把模糊影像的焦点对清楚，美国国家碳材料公司（the National Carbon Company）甚至专门设计了一种新型的放映机来放映这种模糊影像的影片 [8]582。

直到 20 世纪 20 年代的后期，柔焦点的影像才被接受。1928 年约瑟夫·迪布雷写道，现在一般认为对比度很高的影像是一种过时的趣味了（harp definition is a thing of the past），现在的摄影师更需要一种柔软的轮廓 [8]342。

制片厂原以为使用新型底片可以降低拍摄成本，但是并未如愿。1931 年的美国电影艺术与科学学院报告指出，几大重要的制片厂并没有减少消耗。一般来说，当时的摄影师还是使用相同的灯具量，因为认为"锐利的影像不是艺术的影像"（sharp photography is not artistic photography）。作为电影摄影行业的权威学术组织，美国电影摄影师协会（America Society of Cinematographer，简称 ASC）曾经建议摄影师使用可以在不增加灯光和开大光圈的情况下就达到柔光效果的底片。1931 年之后，大部分摄影师用大光圈减少灯光使用，从而节省成本。

电影摄影镜头的进步也影响了照片摄影的发展。波德维尔认为，照片的拍摄需要人物摆好姿势，但是这样很费时费力，所以照片摄影师被要求在人物的动作中完成拍摄。但是，电影摄影师只需要2in（50.8mm）的镜头就能拍摄的场景，照片摄影师需要20in（508mm）焦距的镜头才能拍下来。柔光的获得还和坚持使用大光圈的镜头有关。照片摄影师采用 f/6 和 19in 的镜头是合适的，而电影摄影师如果用了高速胶片，采用 f/4.5 的光圈和 1/50 秒的快门就可以获得满意的影像。在电影摄影不断发展的时候，照片拍摄领域还是跟不上脚步，不得不反复摆姿势。在"二战"后，巴龙·阿道夫·德梅耶尔男爵（Baron Adolph de Meyer）、阿诺尔德·根特（Arnold Genthe）、爱德华·斯泰肯（Edward Steichen）等社会风尚摄影师很少再拍摄重大的用于宣传的好莱坞明星照片了。这些工作被乔治·赫里尔（George Hurrell）、克拉伦斯·辛克莱·布尔（Clarence Sinclair Bull）、露丝·哈丽雅特·路易斯（Ruth Harriet Louise）等专门为好莱坞服务的照片摄影师取代了[8]342。

（五）其他原因

还有一个原因是，当时有声电影的初期摄影（1928—1931）大多是在隔音棚里拍摄的，透过隔音棚的玻璃拍摄自然会形成一种低对比度的影像。另一个原因是，当时摄影师不仅采用漫射光照明，还采用非常厚的滤光镜拍摄。这种滤光镜倍数范围从一倍到四倍，据说是摄影史上最厚的一种[8]342，并且经常在影像里采用遮挡物。滤光镜倍数越大，需要的曝光量就越多，同等条件下影像的对比度就越低。在声音到来之后，摄影师开始避免使用这种过于漫射的材料。柔光纱布基本不用了，而是改用更加明亮的漫射滤镜（倍数范围从 1/2 到 1/30）。这些改变进一步形成一种光滑的、轻微的、模糊的影像。20世纪20年代的柔光影像的形成原因，当然还有多镜头的使用，因为有声电影为了保证声画同步，需要多镜头同时拍摄。为了保证拍摄效率和进度，多镜头拍摄的灯光就更加倾向于使用平光照明。同时，多镜头摄影使用的长焦镜头（long lens）有利于创造一种低对比度的影像。自20世纪30年代中期起，那种浓厚的漫射光照明就只出现在一些特殊的、梦幻的影像中了。

第四节 非黑即白：以德国表现主义电影摄影为例

二十世纪二三十年代的德国有一段极其重要的电影发展时期，就是学界熟悉的德国表现主义电影时期，虽然历时不长（1919—1924），却广泛影响到世界电影的摄影造型，拓展了电影摄影的表现手段，特别是其用光线造型营造电影气氛和环境的方法和手段，被后世的主流电影广泛采用。不仅当时的世界电影，便是如今的很多成功电影，都从德国表现主义电影的这种影像类型和风格中获益良多。然而，这些贡献是和德国电影对技术的重视和创造性利用分不开的。

一、技术背景

（一）政治风向下的技术利用

默片时期德国电影的主要风格是德国表现主义电影的风格，这种风格在当时的世界电影圈中可谓出类拔萃。然而，当时德国的国内环境却一团糟。于是，德国文艺界人士掀起了对这一糟糕局面的反抗。这种反抗在电影和戏剧领域体现为，一些有创造性的艺术家开始利用创新的技巧表达对国内政治和文化的不满[14]46。在二十世纪二三十年代，特别是在纳粹政权时期（1933—1945），德国表现主义创作者纷纷逃离纳粹德国前往其他国家（以美国为主），带去了先进的电影技术，促进了美国黑色电影的发展，强化了美国电影的统治地位[14]57。

（二）技术意识

作为科学技术强国之一，德国对电影技术贡献卓越。如前所述，德国电影人在电影的发明（"马耳他十字"）、电影专业摄影棚、胶片技术（"二战"期间的彩色胶片技术）等方面都做出了不可替代的贡献。

在德国表现主义电影产生的初期，电影技术已经深深地介入电影创作。戏剧界的马克斯·赖因哈特（Max Reinhardt）使用了能直接引入电影的灯光处理方式[14]46。更重要的是，德国表现主义电影时期的一些具有创造性的摄影师已经具备明确的"摄影机意识"，把摄影机作为摄影创作的角色，而不是单纯记录影像的工具。比如，卡尔·弗罗因德（Karl Freund）认为，电影的真正作者是摄影机（the real author of the film is the camera）[1]76。

在电影摄影史上，电影《最后一笑》（又译《最卑贱的人》，1924）由于片中的"运动摄影技术"成为摄影史上的经典片目。该片导演穆尔瑙的创作过程颇具启发性——穆尔瑙在写剧本之前，特意向摄影师卡尔·弗罗因德咨询现在的摄影机能否达到自己想在片中呈现的运动，在得到肯定答复之后，他才着手写剧本[8]249。

（三）技术基础

20世纪20年代的德国电影摄影处于世界电影的技术土壤中，但是，德国电影更多地使用本国技术，特别在纳粹政权时期。这些技术涉及摄影机、胶片等，比如卡尔·弗罗因德摄影的《最后一笑》采用的底片是爱克发正色性胶片（Agfa orthokine）[15]，而不是更常见的柯达胶片。1916年，爱克发早期胶片的明暗对比度强烈，特别适合德国表现主义电影的低调影像，虽然爱克发胶片的感光度不高，但德国电影当时已经普遍采用全封闭的摄影棚，大量的弧光灯照明，足以保证底片正常曝光的需要，这在技术上支持了表现主义电影明暗对比强烈的影像特点。

在"乌发"（UFA）时期，由于德国电影企业化的建立，德国电影全面进入摄影棚摄影，这给各种艺术性用光提供了条件，摄影师得以创造各种表现主义风格需要的影像效果。这一时期的德国电影几乎都是在内景搭建拍摄的[14]55。德国摄影棚使用大型的聚光功能的弧光灯，

《尼伯龙根：西格弗里德之死》（*Die Nibelungen: Siegfried*，1924）对森林的视觉重建形成惊心动魄的视觉氛围，采用的灯光就是强弧光灯，从森林布景上方打出顶光[14]55。

如前所述，这种弧光灯早已在美国电影中使用。起初，德国电影把这些灯光看作一个整体，而美国电影是场景优先，人物次之。在20世纪20年代中期，德国也在采用美国电影的摄影技巧，如拍摄人物也采用逆光、补光等。在拍摄女演员的时候，采用主光和补光配合打光，并且二者的光比一致。同时，德国电影摄影中还采用了镜头漫射设备、纱布之类的漫射柔化设备等。

二、影像特征：精致与浪漫

通常来说，作为电影的介质，胶片只是胶片，是一种能够使涂在纤维素片基的感光乳剂反映照明的材料。但是，20世纪20年代的德国电影摄影是真正在胶片上"用光作画"的影像艺术运动。

德国表现主义电影更关注心理而不是社会现实[14]51，而这种对于心理的关注需要电影影像的视觉呈现，而这个艺术诉求需要电影技术的支持。德国电影中许多重要的技术变革——包括摄影机、照明、布景设计、表演等各个领域——在20世纪20年代涌现出来。

（一）布景和光线：《卡里加里博士的小屋》（*The Cabinet of Dr. Caligari*，1920 ）

如果没有史料证明，我们很难发现，1920年在柏林上映的《卡里加里博士的小屋》中的很多光影效果是画上去的[14]48。即是说创作者的想法已经很明确了，只不过没有可利用的技术支持对光线进行有效的控制。

（二）电影照明

德国电影摄影师具备明确的照明意识和超前的技巧，这对德国默片时期的三大电影类型具有重要的影响。当时德国电影的三大类型为古装剧、表现主义电影、室内剧和街头电影。在照明上，古装剧是由传统的"赖因哈特灯光效果"发展出来的早期舞台剧照明；表现主义电影摄影的光线成为写意的、主观化的造型手段；室内剧和街头电影的光线运用比表现主义电影内敛，但是更加融入影片整体[14]53。在20世纪20年代，德国电影对光线的意识和技巧达到史无前例的高度，为摄影史留下了一笔宝贵的财富。

具体来说，在德国表现主义电影摄影中，照明都经过了精心的安排。在表现主义电影和室内剧中，照明都用于表达角色的情感状态。照明强化镜头的运动，并引导观众的眼睛，激起预期的感觉。在这些默片中，事物似乎都有了生命。德国电影的照明通常是怪诞的、阴郁的，同时又是浪漫的和装饰性的。

20世纪20年代的德国电影摄影有两个突出贡献。一是低调照明。当时没有充足的感光乳剂和专业的暗室处理技术，尤其是对电影摄影技术的控制没有达到精确的程度。二是对主光的控制[14]54。格里菲斯的《残花泪》也有类似光线控制，但是光线均匀照明良好。而德国电影对影像做了更加明确的明暗控制、不同强度的照明，这和画家对色彩的安排是类似的。在20世纪20年代之前，很多欧洲摄影师已经懂得如何使用戏剧性的光线，如卡尔·弗罗因德和欧根·许夫坦（Eugen Schufftan），他们把电影摄影机、电影底片和电影灯光技术应用在电影摄影棚中。20世纪30年代之前，电影摄影已经形成固定的标志性的风格，比如派拉蒙的华丽风格，雷电华（Radio Keith Orpheum，简称RKO，**好莱坞黄金时期八大电影公司之一**）的低成本黑色电影，米高梅的迷人的美；不同类型的电影具有不同的照明特点，主光和辅助光的对比各不相同。

明星的个人魅力在严格控制的灯光下分外突出。约瑟·冯·斯登堡和他的御用女演员深谙灯光的造型作用。斯登堡在其1965年出版的著作《中国洗衣店趣事》（*Fun in a Chinese Laundry*）中认为，灯光可以形成一种迷人的气氛；人物的皮肤应该反光而不是吸光；光线应该被小心使用，而不应该曝光过度；人物的特写更应该小心处理，黑色电影中的硬边会被镜头前面的滤镜柔化。即使是现在的摄影师也要懂得这种光线的使用，这是他们的"面包和黄油"[16]。

（三）历史影响

1920 年的《卡里加里博士的小屋》获得双重的成功，既有票房上的胜利，也有摄影影像上的专业性开创。由于该片的成功，当时的法国电影圈出现了"卡里加里风格"一说[17]。《卡里加里博士的小屋》在美国首映之后，该片在影像上的独特性也让美国电影同行认识到电影除了娱乐大众，还可以达到一种和传统艺术一样的心理高度[12]213。德国表现主义电影对之后的电影视觉风格和类型影响很大，如对 20世纪 30 年代环球电影的创作风格以及黑色电影的出现产生了重要的影响。

（四）德国电影技术遗产的命运

20 世纪 20 年代的德国电影技术处于世界前列，其中很多世界领先技术为纳粹政府独有。纳粹在世界战场失败后，德国电影技术被同盟国共享。这些技术包括磁性录音技术、爱克发的彩色正片和底片技术等，它们对"二战"后美国和其他欧洲国家电影技术的发展起到重要的促进作用。

本章参考文献

[1]　　LEITCH M.Making pictures: a century of European cinematography [M].New York:Harry N.Abrams,2003.

[2]　　SALT B. A very brief history of cinematography[J].Sight and Sound, 2009,19(4):24-25.

[3]　　卡曾斯.电影的故事 [M].杨松峰，译.北京：新星出版社，2009.

[4]　　LACEY N. Introduction to film[M].New York:Palgrave Macmillan, 2005:127.

[5] FIELDING R. A technological history of motion picture and television[M]. California:University of California Press,1984:123.

[6] KOSZARSKI R.An evening's entertainment:the age of the silent feature picture,1915-1928[M].California:University of California Press,1994.

[7] SAMUELSON D.Strokes of genius[J].American Cinematographer,1999, 80(3):166.

[8] BORDWELL D,STAIGER J,THOMSOM K.The classical Hollywood cinema:film style and mode of production to 1960[M]. New York: Columbia University Press,1985.

[9] KOSZARSKI R. The man you loved to hate:Erich von Stroheim and Hollywood[M]. Oxford:Oxford University Press, 1983.

[10] 巩如梅，张铭. 制造的影像：与十五位电影人对话数字技术 [M]. 北京：中国电影出版社，2010：48-50.

[11] ZAJONC A. Catching the light:the entwined history of light and mind[M].New York:Oxford University Press, USA, 1995: 230.

[12] GRANT B K.Schirmer encyclopedia of film[M]. New York: Schirmer Reference/Thomson Gale,2006.

[13] ALTON J.Painting with light[M].California:University of California Press,1995.

[14] 卫克斯曼. 电影的历史：第 7 版 [M]. 原学梅，张明，杨倩倩，译. 北京：人民邮电出版社，2012.

[15] RAIMONDO-SOUTO H M,Motion picture photography:a history,1891-1960[M]. Jefferson,NC: McFarland, 2007:133.

[16] STERNBERG J.Fun in a Chinese laundry[M].London:Mercury House,1965:187.

[17] PERRY T.Masterpieces of modernist cinema[M].Bloomington:Indiana University Press, 2006: 57.

第五章 从棚内到实景：雕琢与自然

20世纪40年代，电影摄影技术进入一个新的阶段，出现了更快速的底片、更快速的镜头和更大功率的灯光。在这一阶段，第二次世界大战对于电影摄影产生了不可忽视的影响，在这一历史事件的影响下，出现了更加自然真实的影像风格，世界电影摄影的影像经由"二战"慢慢转向自然光效。在这些变化中，电影摄影技术和摄影物质材料依然起着基础性的作用。

第一节 摄影物质材料技术

一、灯光技术

在电影摄影的摄影棚时期，摄影机往往在地面上移动拍摄，如果灯光安装在地面上，地板上庞大笨重的灯具会影响正常的摄影运动，同时也容易拍到灯具导致穿帮，所以当时摄影棚内的很多灯具只能安装在场景的上方[1]343。这有些类似现在电视台演播室的灯光布局。但是，电影摄影棚的建造存在一个建筑指标，就是摄影棚要达到一定的高度，因而灯具的光源距离人物就变得很远，必须采用较高聚光性能的聚光灯才能达到理想的效果。为了适应这种拍摄的要求，世界知名的聚光灯制造商莫尔－理查森推出了一系列聚光灯，可调控光的方向，安装调光器后可调节光的强度。

在创造柔光影像的时候，摄影师总是在技术革新和个人创意之间寻找平衡。当时的电影摄影师也在潮流之间开辟新的视觉风格，一些摄影师在柔光的潮流中拍出硬质的、锐利的影像。对此，波德维尔认为，亮度更大的照明使得人物不再呈现柔边，而是呈现清晰的硬边，这是 20 世纪 40 年代和 30 年代的差异 [2]。

二、镜头技术

大卫·波德维尔认为，20 世纪 40 年代的摄影有两个显著的特点，一是短焦距镜头的使用，二是贾鲁特公司（the Garutso）改良了电影镜头，这种镜头在不改变光线的情况下就可以提高景深，在实景拍摄的时候，即使采用大光圈同样可以获得可观的景深，同时不会带来高对比和过于硬边的影像。比如，1952 年的《萨帕塔万岁》（*Viva Zapata*）拍摄时可以采用的光圈是 f/2.2，在不影响曝光的情况下，仍然可以获得满意的景深效果 [1]591。摄影镜头的镀膜技术，在 20 世纪 40 年代得到提高，该技术可以增加光线的进入而又不至于产生晕光，这样就能把光圈收小，进而增加影像的景深。

三、胶片技术

20 世纪 40 年代，电影摄影使用的底片技术达到一个新的高度。1938 年，柯达和爱克发推出的新底片，其 ASA 在 64 ~ 120 之间，感光度"比一般片厂的底片快 3 倍到 8 倍" [3]。胶片感光度的提高使得摄影师可以使用收小的光圈从而获得较大的景深。这一时期的快速底片使得摄影师能更好地利用聚光灯。

在 1950 年之前，Latensification（潜影强化）就已经标准化了。"现在可以在办公大楼里面拍摄实景了，哪怕是狭窄的大厅都行。只要采用泛光灯（photoflood）照明，采用 Latensification"。很快，在 1954 年，柯达公司把底片感光度提高到 ASA 200（这是一款日光型底片）；还有一款 Tri-X 底片，感光度也达到了 ASA 200（这是一款钨丝灯底片，原本是为电视设计的底片）。20 世纪 50 年代末期，柯达开发了更加快速的黑白底片和一款用于实景拍摄的彩色底片。20 世纪 50 年代中后期，黑白电影达到一个顶峰，出现柯达 Plus-X 5231（灯光型，感光度 ASA 64）和柯达 Double-X 5222（灯光型，感光度 ASA 200），两者都是黑白负片，前者颗粒细腻，后者感光度高 [4]。尹力导演的《张思德》（2004）采用的是柯达 Double-X 5222。黑白胶片的进步使得光线造型有了变化，可采用漫射光照明，逐渐减弱戏剧光效的成分，追求自然光效。这些技术的发明和成熟也使得兴盛于20世纪50年代的"法国新浪潮电影"和"意大利新现实主义电影"大放异彩。

　　总之，由于早期的电影胶片感光度很低，摄影棚拍摄比较多，通常采用大功率的炭精弧光灯直射光源，所以自然光效少，大多是造型硬朗、对比度高的黑白影像。在美国好莱坞电影中，为了适应着重刻画明星魅力的要求，甚至出现了"五光俱全"的照明技巧。然而，战后电影摄影的两种风格（实景拍摄的自然风格和黑色电影的低调摄影）在技术上已经具备了相应的物质条件。在技术的支持下，此时的银幕形成一种战后电影特有的影像效果。

第二节　电影影像特征

一、战后的影像风格

　　第二次世界大战结束之后，涌现了一批具有现实风格光线照明的电影。这种风格为何在战后形成以及电影观众为何能够接受，其原因是很复杂的，但是和"二战"中形成的特定影像风格有重要的关系。

（一）光线

　　"二战"期间，很多国家都派出专业的摄影队伍参与战地纪录片的拍摄。战地纪录片的照明不可能精细，这就需要更加多样灵活的照明方式，开发各种设备与之适应。此时，大功率的照相用泛光灯灯组（photoflood units）出现。这种灯具可使用民用电源，便携，同时底片的快速感光也使得这种灯具变得可行。这种原本用于战地纪录片的摄影灯光，在《不夜城》（The Naked City，1948）初次使用 [1]343，而该片的影像呈现非常鲜明的纪实风格，威廉·帕克（William Park）认为该片借鉴了意大利新现实主义电影《偷自行车的人》（*The Bicycle Thieves*，1948）的视觉特征 [5]。

1947 年之后，一种新的、源于新闻片美学的照明美学出现。战后的电影摄影不再采用雕琢的摄影方法——比如约翰·奥尔顿 (John Alton) 的"八点布光"——而是采用实景拍摄，最大限度地利用自然光 [6]。"二战"中很难去精心布置灯光，仅采用日光或可用的小功率灯光提供基本的照明。一些剧情电影开始模仿这种粗糙的、纪实性的、纪录片风格的影像，这使得好莱坞经典时期建立的精致美学受到冲击。除了 1948 年的《不夜城》，还出现了大量具有纪实特征的其他影片，比如《作法自毙》（*Boomerang*，1947）和《七七七北街奇迹》（*Call Northside 777*，1948），均改编自真实事件，并于实景拍摄。《码头风云》（*On the Waterfront*，1954）的大部分场景为实景拍摄。

灯光技巧在 20 世纪 50 年代的变化和电视的飞速发展也是分不开的。电视摄影的拍摄特点是现场记录、多镜头拍摄、演播室，以及多用中近景。为与此适应，电视摄影要求照明灯光明亮，通常是打亮整个场景；拍摄速度也比较快，一般不会像拍摄电影故事片那样雕琢影像的每一个细节。所以，电视影像的主要特征是更加明亮、高调、低对比度的影像。"二战"之后，已经接受电视影像的欧美观众对于电影影像的高调画面也能够接受，当然，影院电影（theatrical films）要比电视制作精致一些。

（二）实景拍摄

在第二次世界大战中，由于实景拍摄的需要，绝大部分战地纪录片的拍摄都只能采用小型便携的摄影机和灯光设备。"二战"期间形成的实景拍摄风格，在战争结束以后迅速应用于主流商业电影，促使电影技术做出变革以适应电影的实景拍摄需求。好莱坞主流电影在 1960 年之前几乎没有使用轻型摄影机的必要。然而，在"二战"期间，摄影师更倾向使用战地摄影机，比如坎宁安摄影机（the

Cunningham）[1]590。

（三）黑白摄影的特性

1. 色温

全色胶片作为黑白胶片，一般不需要考虑色温的问题，不同色温的灯具混用也没有问题。因为全色胶片只有黑白灰三种颜色。但是用不同色温的灯具照明，对胶片的感光度有一定影响。因为有的全色胶片对蓝色比对红色更敏感，也就是说，虽然全色胶片对所有光谱都感光，但是对不同光谱的敏感程度是不一样的。因此低色温的灯具和高色温的灯具混用时，需要调整胶片的感光度[4]。比如，电影《张思德》使用的黑白全色胶片——柯达 Double-X5222 的实用感光度设定在 ASA 200 ~ 250。

2. 没有色反差

与今天已经普遍的彩色电影摄影不同，20 世纪 40 年代的黑白电影没有色反差；那么，怎样才能把影像中不同的物体、人物和场景通过光线区分出来？在技术上，只能更多地使用直射光、大反差，才能把人物从环境中凸显出来，脸部、头发、肩部突出，影像才有层次。

这个道理我们可以通过科恩兄弟（Coen brothers）导演的，由摄影师罗杰·迪金斯（Roger Deakins）掌镜的《缺席的人》（*The Man Who Wasn't There*, 2001）的影像特点来说明。该片底片使用的是柯达 Vision 320T 5277，洗印胶片是 35 mm（柯达 Vision 2383），发行的主要是黑白版本。《缺席的人》摄影胶片采用彩色片，洗印采用黑白片。这种方法也在米夏埃尔·哈内克（Michael Haneke）的电影《白丝带》（*The White Ribbon*, 2009）中被采用。

对于《缺席的人》采用彩色底片拍摄黑白电影的原因，史蒂文·波斯特（Steven Poster）认为，现在的黑白片几乎都是采用彩色底片拍摄的，因为胶片技术发展到今天，黑白底片在近 30 年里几乎没有什么进步，而彩色底片进步很快，并且现在即使你采用了黑白底片拍摄也将面临无处洗印的窘境，因为黑白底片的洗印设备已经很少有了。那么，彩色片的感光优势何在？他认为，彩色底片在灵敏度（感光速度）、影像质感（颗粒度）和动态范围（曝光范围）上都有巨大进步，其优势已经让黑白片望尘莫及。所以，在电影摄影的前期拍摄采用彩色底片可以利用彩色片的优势，避免黑白片的短处。现在，很多欧洲电影采用这种方法拍摄，比如帕特里斯·勒孔特（Patrice Leconte）的《桥上的女孩》（*The Girl On the Bridge*，1999）就采用了彩色拍摄后黑白洗印的方法。史蒂文·波斯特在文章中还对比了黑白版和彩色版的影像差异。法国发行的《缺席的人》是彩色版（There is a French Version with Colour），这是在合同上规定的，或许是因为法国资方担心观众不会观看一部由科恩兄弟拍摄的黑白电影吧。

与黑白片不同，彩色片具备色彩反差，所以彩色摄影进入电影之后，摄影师都会做一系列的技术适应。1950 年开始出现的摄影风格与 20 世纪 30 年代的摄影风格有很大不同，原因之一就是彩色电影的制作和彩色电影本身的不同色彩，使得摄影师不必再费尽心思去营造事物之间的不同，不同色彩本身就是区别不同事物的工具之一，采用很少的光源就可在彩色片上完成。曾经有一段时间，原来在黑白片中不可缺少的逆光照明在彩色片中变得多余，虽然逆光照明在某些时候还在使用，比如拍摄瀑布采用逆光肯定比正面拍摄更加有效。

二、黑色电影的技术基础

黑色电影是 20 世纪 40 年代流行的电影类型，也是电影摄影史上重要的摄影风格。虽然，在今日的世界影坛，作为类型的黑色电影已经不复存在；但是，黑色电影曾经运用的摄影技巧，尤其是光线技巧对后世电影的影响的确很大，我们往往能够在一些现代电影影像中发现黑色电影的影像气质，比如《低俗小说》（*Pulp Fiction*，1944）、《色，戒》（2007）等。不再一一列举。

（一）黑色电影的光线造型

虽然学术界现在也没有一个关于黑色电影影像风格的统一定义，但是形成黑色电影的核心元素还是存在于众多黑色电影作品中的。这些元素综合起来可以概括为——低调的影像和明暗阴影的高对比。

（二）黑色电影的技术基础

整个 30 年代，胶片规格、冲洗、照明、镜头技术等许多较小的电影技术环节的逐步积累，才使得 1941 年的《公民凯恩》采用景深摄影这样一个"突破性时刻"的到来成为可能 [7]。

在前一节中我们已经讨论了 20 世纪 40 年代电影摄影技术的情况，比如快速感光胶片、大功率的照明灯具等，此处不再赘述。黑色电影，作为当时极受市场欢迎的电影类型，通常使用快速胶片，以便拍摄出鲜明的阴影和湿滑的街道夜景。同时，为了突出明暗的光影对比，黑色电影通常采用强光照明 [8]145。当然，布鲁斯·A. 布洛克（Bruce A. Block）认为，在研究黑色电影的光线造型时，我们不能忽视黑色电影对入射光的使用，因为"黑色电影是展现入射光控制的绝佳案例……当然，在黑色电影之前，人们早就开始利用入射光了。早期的黑白默片，就依靠富有表现力的灯光来反映人物的心情和故事的情感" [9]。

这里重点论述黑色电影在光线造型上的另一个方法——摄影棚和外景混合。它们所散发的迷人魅力不仅和电影胶片的纯画质有关，也依赖光亮的微妙变化，而弧光灯以及更加锐利和解像度更高的新式镜头，进一步优化了这些变化。困扰黑白低调摄影的，是要保证黑白影像中的物体不会融合到一起去；因为黑白摄影机能使用的"色谱"相当有限。因此，一个穿着褐色风衣的演员，若站在灰色墙壁前就会消失在镜头里，而如果没有对比反衬的多点照明（constrating points of illumination），拍出的画面看起来会非常平。解决这一问题的办法之一，就是前景和后景分别打光，使照明效果有所区别。这种细腻的照明技巧要在摄影棚中完成，才能形成黑色电影明暗高对比的影像风格 [10]。

可以说，黑色电影时期是摄影棚充分发展的重要阶段。这里顺便说说意大利新现实主义的光线技巧：一般认为，意大利新现实主义电影是在大街上采取自然光线照明拍摄的，但是，这一流派电影的内景摄影却是在摄影棚里精心营造的。波德维尔在其经典著作《世界电影史》中认为，意大利新现实主义电影的内景都是在摄影棚里完成的，在棚内的精心布光，后期配音、剪辑均按照好莱坞的经典方法 [11]。

三、《公民凯恩》的技术基础

电影《公民凯恩》被誉为现代电影的标志。这部电影能够获得如此高的艺术评价，既有叙事方面的原因，也有影像方面的成就。其中，影像方面的成就目前学界公认的是深焦距镜头（deep focus lens）、低角度摄影（从地面挖的坑里仰拍天花板）、广角镜头等。笔者认为，该片在影像上，除了以上成就，还应该包括高对比（high contrast）的明暗影像和低调照明（low-key lighting）。而这些影像成就的获得是和当时的摄影技术（包括摄影材料技术）分不开的。

对于摄影镜头来说，影像中的景深越大，所需要的光孔越小；所以，在理论上，要想获得理想的景深镜头，必须有相关技术的支持。

正如弗吉尼亚·赖特·卫克斯曼认为的，因为胶片材料的改进、光源和光学的发展，拍摄更大景深的影像才成为可能 [8]236。具体到摄影师格雷格·托兰的摄影革新来说，《公民凯恩》有两个因素在起作用，一是 20 世纪 30 年代技术的发展，二是美国电影摄影师协会（ASC）的推进 [1]343。作为一个专业的摄影协会，ASC 对摄影师的要求是既要遵循行业的规范，也要对摄影技术技巧进行创新。

帕特里克·奥格尔（Patrick Ogle）提供了详细的制片状况，并总结了托兰的技术革新：广度镜头、快速胶片、弧光灯创造的黑白影像、镜头镀膜技术、无噪声的新型米切尔摄影机。当然，制约托兰摄影创作的还有艺术和技术之外的因素，比如，帕特里克·奥格尔认为制片人塞缪尔·高德温（Samuel Goldwyn）放手让托兰去拍摄，并且托兰直到临终时还是该公司的重要股东之一 [1]364。

（一）深焦距（deepfocus）

摄影师托兰晚年时发表过一篇文章，他在该文中论述完深焦点镜头之后，明确指出摄影技术对影像的制约，"'全景焦点'等到一种新的、感光速度极高的胶片出现以后才能应用。因为这种胶片使摄影师有可能充分缩小他的光圈以便把光对得十分清晰。这是几年前那种感光速度较慢的胶片办不到的，因为从一个小口射进去的光太弱，不能使底片充分曝光。超高速感光片的感光性能是如此之高，以致我们今天用五十支光所达到的效果，完全抵得上过去二百支光"[12]。托兰拍摄《公民凯恩》使用的底片是柯达 Super-XX，出产于 1938 年，感光度提高到 ASA 100，是拍摄《战舰波将金号》（*Bronenosets Potyomkin*，1925）时底片感光度（ASA 25）的四倍。有资料显示，托兰所用的柯达 Super-XX 的感光度是当时可以利用的最快的底片，并且采用的光圈系数是 f/8 和 f/16，而当时大部分的电影拍摄采用的光圈系数在 f/2.3 到 f/3.5 之间。

"深焦距"的特征成为托兰电影的一贯追求，他后期掌镜的电影都在坚持这一风格。这一风格对电影摄影史影响很大，比如伯格曼（Ingmar Bergman）的《假面》（*Persona*，1966），以及米夏埃尔·哈内克、侯孝贤、贝洛·陶尔（Béla Tarr）等人的电影中都能看到托兰的影子[8]175。

（二）技术基础

由于摄影师托兰对"深焦距"影像的艺术诉求十分明确而强烈，影片中天花板景深的拍摄，照明只能从地板向上打光，必须依靠大功率的弧光灯才能完成。在这个过程中，还要借助以下手段：采用快速底片（柯达 Super-XX），加大照明水平，使用镀膜的广角镜头。这样托兰就能收紧光圈形成最大的景深。当时通行的光圈一般是 f/2.3 或者是 f/2.8，但是托兰在拍摄《公民凯恩》的外景时使用的一般是 f/8 或者更小的光圈。因此，《公民凯恩》的景深和传统的景深相比就要大得多。托兰的"全焦点"影像的前后景都是清晰的，连特写镜头也是如此。

托兰是在艺术个性和工业规范之间行走的创作大师。托兰的"全焦点"影像被誉为"现实主义（realism）的标志之一"。这种影像在空间上是真实的，因为观众看到的是全焦点的影像；在时间上是现实的，因为观众看到的是完整空间中的人物运动和长镜头。托兰如此理解现实主义，"（导演）韦尔斯和我都认为，如果可能的话，电影应该让观众感觉这就是现实，而不是在看电影"。当然，托兰后来认识到这是很难实现的 [1]348。

（三）明暗的高对比

托兰通过技术的支持获得著名的"深焦距镜头"，这一点被电影史津津乐道，但容易被研究者忽视的是，托兰最明显的视觉特征是照明的高对比（high contrast）。与 20 世纪 30 年代常见的摄影不同，托兰不用常见的补光，而是更倾向于强调主光的作用，让人物沉浸在黑暗中。对于托兰的照明风格，波德维尔也认为，托兰在摄影上的典型特点，是低调照明以及很少的补光和逆光 [1]347。其实，托兰采用的很少的逆光和补光正是明暗高对比的技巧来源；而这种技巧采用的材料正是大功率的弧光灯。正如前面所述，这种依靠主光照明的技术因素是大功率弧光灯的使用。

但是，托兰的照明风格并没有马上获得太多的认同，只是低角度（low angles）的广角镜头（wide-anglelens）在威廉·丹尼尔斯掌镜的《自由之火》（*Keeper of the Flame*，1942）中被模仿，没有补光的阴影在李·加梅斯掌镜的《自君别后》（*Since You Went Away*，1944）中被模仿。

（四）如何全面认识摄影师格雷格·托兰

作为一位电影摄影师而被公众熟知，这种现象即使在资讯发达的今天也不多见，何况在以电影明星制为主导的经典好莱坞时期；并且，在业余爱好者那里，托兰同样受到欢迎，有很多业余爱好者模仿他的"全焦点"影像特点。然而，托兰的影像风格并没有得到好莱坞电影工业的大量推广，虽然他在好莱坞获得盛名，虽然电影雇主给了他别人无法企及的工作报酬[1]348。托兰甚至受到了来自专业领域的批评。摄影师们认可托兰在专业领域的创造性，但是，他们认为托兰对正统摄影革新的步子迈得太大了，比如电影《公民凯恩》中混乱的透视和过于浓重的阴影就颇受同行的非议。资深摄影师查尔斯·加洛韦·克拉克（Charles Galloway Clarke）指出，虽然柔光在当时已经被滥用，但是托兰的影像还是走向了另一个极端。比如，《公民凯恩》的"深焦距"影像的景深太大，这其实是牺牲了圆形物体的真实幻觉而获得的。这个圆形物体的幻觉和景深幻觉同样重要，没有圆形物体的真实幻觉就很难让观众把银幕的两维空间看作真实的三维空间。同时，大量景深的运用是一种缺乏选择的行为，大量的景深影像让观众不能把主要的注意力放在重要的人物和场景上面。当时美国电影同行对托兰的批评，除了他的"深焦距"，还有他的光线创作，如摄影师阿瑟·米勒（Arthur Miller）批评托兰的电影光线缺乏一种"柔和的影像"（a soft plasticity of image）和"一种舒适的影像变化范围"（a pleasing gradational range）。对于托兰为《小狐狸》（*The Little Foxes*，1941）创作的影像，也有摄影师如此批评——前景和后景的人物同时在运动，搅乱了构图，观众都不知道看哪一个好了[1]364。

可见，当时摄影界对托兰的批评主要基于他对好莱坞光线传统的背离：对轮廓光（edge lighting）的拒绝，对人物的刻板调度，女性特写对漫射光的运用不充分，混乱的构图，特别是长镜头的使用让观众对景深过于关注，等[1]589。

还有，托兰的被推崇备至的"深焦距"摄影在影片《公民凯恩》之前已经被一些电影摄影成功运用了，比如《风流世家》（*Anthony Adverse*，1936）、《福尔摩斯历险记》（*The Adventures of Sherlock Holmes*，1939）等[2]。

本章参考文献

[1]   BORDWELL D, STAIGER J, THOMSOM K. The classical Hollywood cinema: film style and mode of production to 1960[M]. New York: Columbia University Press, 1985.

[2]   波德维尔, 汤普森. 电影艺术: 形式与风格: 插图第8版 [M]. 曾伟祯, 译. 北京: 世界图书出版公司, 2008: 548.

[3]   卡曾斯. 电影的故事 [M]. 杨松锋, 译. 北京: 新星出版社, 2006: 172.

[4]   梁明, 李力. 电影色彩学 [M]. 北京: 北京大学出版社, 2008: 307.

[5]   WILLIAM P. What is film noir?[M]. Lewisburg: Bucknell University Press, 2011: 60.

[6]   GRANT B K. Schirmer encyclopedia of film[M]. New York: Schirmer Reference/Thomson Gale, 2006: 98.

[7]   麦特白. 好莱坞电影: 美国电影工业发展史 [M]. 吴菁, 何建平, 刘辉, 译. 北京: 华夏出版社, 2011: 236.

[8]   卫克斯曼. 电影的历史: 第7版 [M]. 原学梅, 张明, 杨倩倩, 译. 北京: 人民邮电出版社, 2012.

[9]   布洛克. 以眼说话: 影像视觉原理及应用: 插图第2版 [M]. 汪戈岚, 译. 北京/西安: 世界图书北京出版公司, 2012: 114.

[10]   LACEY N. Introduction to film[M]. New York: Palgrave Macmillan, 2005: 10.

[11]   汤普森, 波德维尔. 世界电影史 [M]. 陈旭光, 何一薇, 译. 北京: 北京大学出版社, 2004: 330.

[12]   托兰. 论电影摄影师的工作 [M]. 胡克敏, 译 // 罗晓风. 电影摄影创作问题. 北京: 中国电影出版社, 1990: 241.

第六章 染印法：银幕万花筒

电影中的色彩似乎从 1935 年的《浮华世界》（*Becky Sharp*）才开始出现，但事实并非如此。正如同电影本来就是有声音的那样，电影本来就是有色的。虽然诞生初期的电影色彩非常粗糙，其目的也不是为了艺术创作，但是电影色彩一直是电影影像的重要元素之一，电影的创作者从来都没有忽视对电影色彩的运用。在彩色胶片技术之前，电影工作者已经对电影色彩进行了不懈的探索。据资料显示，在 1960 年之前，从名称上看，不同的电影色彩技术已经达到 100 种之多 [1]37。只是无论从观念上还是从技术上，彼时的电影声音、电影色彩的表现形式与现代电影的截然不同。众所周知，现代的电影色彩是建立在彩色胶片这一物质材料基础上的，没有现代的彩色胶片技术，就没有实现真正的电影色彩的物质基础。所以，主导美学风格变量的主要因素是电影的技术。对于本章电影色彩来说，改变色彩风格的技术是电影影像的显色技术。

在电影的发展过程中，电影色彩技术主要有手工着色、机械着色、染色和调色、染印法技术、彩色胶片技术以及计算机技术下的数字电影色彩技术。因为本书主要论述 1945 年之前的电影技术，故本章主要讨论染印法技术。

第一节　染印法色彩技术

一、电影色彩的技术历程与感光原理

发生于 20 世纪早期的电影色彩探索，全都没有实现对于颜色的真实还原，染印法技术是一个革命性的技术变化。

（一）技术历程：早期电影的色彩实验

1895 年前后，电影之外的视觉艺术已经是彩色的世界了，美术领域自不用说，詹姆斯·克劳克·麦克斯韦（James Clerk Maxwell）已经在 1861 年制出第一张三色照片 [2]。俄罗斯电影史家达·乎勃拉洛夫认为，早期的电影技术尚达不到还原色彩的要求，但是黑白版画和照片领域的色彩技术很快进入电影领域 [3]，所以说，电影色彩一直在等待技术成熟的时机。

按照上色工艺，早期的电影色彩技术可分为手工着色、机械着色、染色和调色等。这些的技术手段相互联系，共同组成了早期电影色彩的制作。

1. 手工着色

手工着色分两种，一是在拷贝上上色（tinting），比如梅里爱的女工们在流水线上给胶片逐格上色；二是在生胶片上上色（toning），给整个画幅上某种底色。

第一种流行的工序是手工上色。在 1895 年吕米埃的电影公映之前，在照片领域，艺术家就已经着手给照片染色。在电影诞生的初期，在染印法技术应用于电影之前，电影先驱给黑白影像手工着色，使得手工着色技术在 1895 年开始应用于电影：比如爱迪生的"电影视镜"（kinetoscope）中放映的《安娜贝拉的蛇舞》（*Annabelle Serpentine Dances*，1895）中的舞蹈场面，一个女舞者跳舞，她身上衣服的颜色也不断变化；比如乔治·梅里爱的手工着色，采用流水线分工合作，将太阳染成红色，一格一格着色，拍摄了著名的《月球旅行记》（*A Trip to the Moon*，1902）。戴维·A. 库克（David A. Cook）认为，《月球旅行记》作为梅里爱的视觉特效先锋之作，是通过生产线的模式雇用 21 个女工一格一格手工上色完成的，所以梅里爱使用人工上色的影片价格高于普通黑白版本 [4]。

第二种工序是在生胶片上上色，就是对某些场景事前上色，用以表现不同的场景氛围。比如，战争场面采用红色，夜景采用蓝色，外景日景采用琥珀色。特殊的场景被涂上一种颜色，用于表示特定的时间和心情，比如蓝色代表晚上，黄色代表白天[5]。

现在看起来，手工上色的电影色彩很不自然，即便在当时看来也是粗糙滑稽的，只不过当时的观众看电影往往处于看魔术般的新奇心态，对于电影色彩的要求远不如今天这么高。

1920年之前的电影色彩，基本上是采用手工上色的工艺完成的。有资料显示，在1920年之前，80％的好莱坞电影是采用手工上色的技术完成的。在1921年之前，柯达开始生产一种事先上色的底片，达到9种不同的颜色。但是，让柯达始料不及的是，紧接着电影声音进入电影制作，人工上色技术影响电影的录制。经过短暂的停滞，在上色技术和电影声音之间的问题于1929年得到解决之后，人工上色又一次在电影制作中受到欢迎。

2. 百代染色法

手工着色费时费力工序烦琐，因此，爱迪生和梅里爱的手工着色主要适用于短片。随着片长的增加，上色工序的精细化和机械化成为电影制作者的迫切要求。于是，1905年，百代染色法出现。百代染色法标志着染色走向机械化和精细化，在当时获得极大的成功，并一直沿用到20世纪30年代初期[1]38。这一技术的核心，是在正片上为每一种颜色割出一块专门的模板（*每一个镜头都按序放大，每一种颜色都由专业技术人员勾画出轮廓，然后借助缩放仪放到胶片上原先被类似缝纫机的机器切割下来的那个地方去*），这样，在每一种颜色做完相应的模子后，每一个电影拷贝都经历了多次着色。该技术的操作工序复杂，只有大公司才能做到。但是，此时的电影先驱者梅里爱仍然坚持手工着色，在色彩技术上远远落后于百代染色技术。

今日看来，早期电影色彩是作为一种视觉奇观出现的，还没有色彩艺术上的追求。在真正的电影色彩出现之前，电影技术人员一直在坚持彩色电影的开发，希望出现一种价格可以接受、色彩还原真实的彩色技术，用以适应电影工业和艺术创作。电影色彩的研发从未停止。资料显示，在1929年，大概有20家电影公司宣称获得彩色电影的专利技术，但是最后只有一家公司获得认可[6]353。在1930年之前，大约有30种不同的色彩方法被采用[7]99，但是各有优缺点，都很难获得全部光谱形成全彩色（full-color）。直到 1915 年，特艺色公司推出双色染印系统，才对电影色彩产生了重要的影响。

3. 染印法技术

1915 年，赫伯特·T. 卡尔马斯（Herbert T. Kalmus）创立了特艺色公司，与丹尼尔·F. 科姆斯托克（Daniel F. Comstock）及其他专业人士研发出胶片上色的双色加色工艺，名为"特艺色"，用绿色和红色叠加在银幕上模拟全色，但要用特定的设备放映。1922 年，特艺色公司发明了双色减色工艺，可以用普通放映机放映，首次用于切斯特·M. 富兰克林（Chester M. Franklin）执导，华裔女演员黄柳霜（Anna May Wong）主演的《海逝》（*The Toll of the Sea*，1922）。自此，此工艺被好莱坞迅速采用并被标准化，在早期好莱坞流行一时。塞西尔·B. 德米尔的《十诫》（*The Ten Commandments*，1923），弗雷德·尼布洛（Fred Niblo）的《宾虚：基督的故事》（*Ben-Hur: A Tale of the Christ*，1925），道格拉斯·范朋克（Douglas Fairbanks）主演的《黑海盗》（*The Black Pirate*，1926），恩斯特·刘别谦（Ernst Lubitsch）的《流浪国王》（*The Vagabond King*，1930），等众多影片，都借由这种双色工艺系统实现了彩色化。

1930 年的《月下德州》（*Under a Texas Moon*）是第一部彩色的有声西部片，影片呈现了丰富而鲜艳的视觉外观（经过拷贝，本片保存有单条硝酸胶片的版本），该片也是典型的"特艺色"双色染印法彩色电影，影像中只有绿色和橘色两种色调。这一双色系统虽然已经有所改进，但色彩还原仍有明显缺陷——很难再现鲜艳的蓝色。1932 年，特艺色开发出了"绚彩特艺色"（Glocious Technicolor）三色工艺系统。该系统用特制的三条片分光摄影机，将被摄物分成红、绿、蓝三个分色象，同时拍摄在三条黑白底片上，再用这三条底片印制浮雕模片做底版，直接在胶片上染印彩色的影片拷贝。由此，奠定了染印法技术的三要素：分光摄影、浮雕制作和三色染料染印转移。这个三色系统可以更好地再现景物的色彩，颜色艳丽，色彩保存持久，成为通用的染印法工艺。本书论及这一工艺时，均以"染印法"称之。

1932年，迪士尼首次运用该技术制作了动画片短片《花与树》（*Flowers and Trees*），这是第一部使用全彩色拍摄完成的动画片。

波德维尔认为，20世纪30年代早期，通过技术改进，染印法可以用三原色调制出更多颜色，但是因为成本很高，所以到了20世纪40年代才开始大量制作，直到20世纪70年代早期才退出电影技术舞台[8]。

（二）染印法的感光原理

作为一种彩色电影的摄制系统，染印法技术的发展主要分为四个阶段。

（1）1915年，特艺色公司推出双色分光摄影机，让对红、绿感光的两卷黑白底片同时曝光，然后安装滤镜通过两个放映机同步放映，模拟彩色影像。

（2）1921年，特艺色公司发明了双色减色工艺系统。在一条黑白底片上，形成两组分别被红滤镜滤除了蓝－绿光、被蓝－绿滤镜滤除了红光的黑白影像，上下倒置，经过光学系统分别记录在两条浮雕片上；浮雕片类似黑白胶片，也靠卤化银感光，但其明胶层较特殊，洗印时银被漂掉，剩下的明胶形成浮雕般的影像，曝光多的地方，明胶层随着银被漂掉而变得比较薄；因此，红浮雕片中缺少红色景物的信息，蓝－绿浮雕片中缺少蓝－绿色景物的信息，相当于减色效果。将红浮雕片着青色，蓝－绿浮雕片着晶红色，背靠背贴合在一起形成影片拷贝，可以在普通放映机上放映，但是这种底片遇热容易卷曲。1926年，特艺色公司改良了这一双色系统，不再直接将两条浮雕片贴合在一起，而将它们的染料印制转移到一条新的空白底片上。这一过程被称作"媒染"，像印刷那样复制电影拷贝。

（3）1932年，特艺色公司制成第一架染印法过程专用的三条片分光摄影机，又成功加入蓝色，使影片更接近自然色彩。1935年，由鲁本·马穆利安（Rouben Mamoulian）执导的《浮华世界》采用了特艺色公司的三色系统染印法，被公认是电影史上第一部彩色电影（故事片）。自此，染印法进入全盛时期，染印彩色片独霸影坛。

（4）1941 年，伊士曼柯达公司开发出多感光层"柯达克罗姆"（Kodak Chrome）彩色反转底片，将红、绿、蓝感光乳剂涂在同一条胶片上，使一般摄影机也能拍摄彩色影像，染印法技术才算完成。1950 年秋，伊士曼彩色底片出现后，特艺色公司在彩色影片上的独占地位才逐渐改变。

可见，1932 年之前，染印法技术只能呈现两种颜色，色彩还原并不理想，市场竞争力不强；即使在染印法"三色"系统出现之后，染印法技术也多是应用在对色彩要求比较高、预算比较大的电影类型中，比如历史片、音乐片、动画片等。1939 年的《乱世佳人》（Gone with the Wind）和《绿野仙踪》（The Wizard of Oz）是采用染印法技术拍摄的著名影片。

二、染印法的技术基础与特点

在某些时候，对于电影技术的发展，电影创作界往往始料不及。创作者对电影色彩的早期态度同样体现了这一点。查尔斯·汉德利（Charles Handley）认为，染印法技术在电影工业中并没有产生有声电影初期的慌乱局面。因为制片厂认为：色彩在电影影像中并没有那么重要，彩色电影不会取代黑白电影，即使彩色电影代替黑白电影，也是因为技术自然而然发展的结果，而非因为彩色电影本身具有的革命性的影响 [9]。

但是，拍摄于 1935 年的第一个三色系统的彩色电影《浮华世界》在世界影坛产生的巨大影响，迫使制片工业重视彩色电影的技术革新，以便跟上电影制作的新潮流。正如本书一再阐述的，电影界跟随新潮流的第一步，一般发生在技术革新领域。

有声电影的到来刷新了电影默片的制作规范，同样的事情也在染印法电影中发生。由于三色彩色系统是和太阳光平衡的，温顿·C.霍克（Winton C. Hoch）认为，所有的染印法的灯光必须和特艺色公司染印法摄影系统的色温相匹配（All regular Technicolor lighting units have been balanced to this daylightcolor-temperature by actual and repeated tests with the Technicolor camera.[10]98）。他认为，染印法的采光主要借助以下四类光源：

（1）日光（Daylight）；

（2）高亮度弧光灯（High-intensity arc light）；

（3）碳弧灯（White-flame arcl ight）；

（4）钨丝灯（Incandescent light）。

其中，最常采用的是以下两种灯具：

（1）高强度弧光灯（The 150-ampere HI arc，The 120-ampere HI arc，The white-flame Twin Broad arc）；

（2）聚光灯（Inky Sr. spotlight, Inky Jr. spotlight, Inky Baby spotlight）[10]99。

以上资料表明，染色法技术要求的灯光基本是日光平衡的高亮度光源，钨丝灯由于色温偏低必须加装滤色镜才可使用，所以电影摄影部门需要大量的弧光灯与之平衡；而波德维尔认为，1935年前后的弧光灯还是20世纪20年代的质量。而1935年，特艺色公司委托莫尔-理查森公司设计无声的效率高的弧光灯，这使得1935年成为染印法技术革新的重要年份。同年，适合染印法技术的弧光灯面世。这些灯在彩色电影和黑白电影中通用[6]355。自此，染印法电影采用的灯光基本都是这种亮度更高的新型灯光。

在染印法技术的早期，染印法彩色电影采用的是感光度很低的底片，直到1939年，一种感光速度较快的新型底片才使用在电影《乱世佳人》中[6]356。速度快的底片再加上莫尔-理查森公司的新型弧光灯，在理论上染印法的影像创作就可以达到黑白摄影艺术品质的技术要求了。但是，特艺色公司还在坚持染印法特有的标准，似乎一定要强调彩色电影的特殊性，努力呈现明亮饱和的颜色。对此，贝尔纳·米勒认为，特艺色公司的创始人卡尔马斯博士抱着一种特意有别于黑白影像的心态，让染印法的影像呈现鲜艳而饱和的色彩[11]，即使在染印法技术的晚期，色彩的使用仍然没有太大的改变。

特艺色公司一直坚持特有的拍摄方式。波德维尔指出，1948年之前，有摄影师指出，采用染印法摄影的低调摄影的用光，是同样条件下黑白电影摄影的 5 倍。这样明亮的用光，影响的不仅是曝光，还影响了色彩的色阶变化，整个影像呈现一种明亮的高调风格。波德维尔认为，这一点是更加糟糕的。1939 年，特艺色公司推出一种单个胶片，但是它的感光度更低，在内景拍摄更加困难，冲印时还容易产生对比度的问题。

染印法鲜艳而饱和的色彩和电影的类型相通，多用于有情调的外景、华丽的布景、具有观赏性的动作场面，在类型上多使用在西部片、歌舞片、史诗电影、历史片等需要突出色彩观赏性的影片。当时的正剧、恐怖片、惊悚片还是采用黑白的低成本制作。不得不指出，这种亮堂堂的影像风格尽管色彩还原正常，却丢失了光效的真实性。但是，当我们把这一阶段的摄影光线创作放在历史的维度思考时，就能找到光线创作背后的历史必然。采用这种摄影光线创作，是电影人在当时胶片特性的制约下的历史选择。受胶片特性的限制，他们只能在胶片感光材料允许的范围内选择适合的照明模式，在此基础上尽可能地开展艺术创作，形成一定的艺术风格。戏剧光效就是这种技术环境的产物。

1953 年，柯达推出了一种快速且不需三条胶片的染印法摄影机，而特艺色公司的洗印系统不能提供宽银幕放映所需的高影像分辨率，故而在之后的时间里只能承担好莱坞 65 mm 和 70 mm 的电影洗印业务。进入 20 世纪 50 年代，使用染印法技术的电影数量急剧下降。1947 年时，好莱坞有 90% 的电影是以染印法技术拍摄的，但在 10 年后的 1957 年，好莱坞只有一半的电影是以染印法技术拍摄的 [6]353。

三、对比：黑白影像和染印法影像

在特艺色公司近乎独断的规定下，染印法电影往往呈现一种标志性的影像风格——明亮的、高饱和的、低对比度的。弗雷德·E. 巴斯滕（Fred E. Basten）的专著直接以《绚彩特艺色》（Glorious Technicolor）[12]38 为书名论述染印法的技术和美学问题，维克托·B. 什克洛夫斯基（Viktor B. Shklovsky）就曾把这些彩色片称为"杂色的水果糖"[13]117。的确，几乎每一部染印法电影的色彩和光线风格都带有典型的标志性特征。在电影史上，仅凭技术本身就给电影影像带来如此大视觉烙印的，恐怕也只有染印法技术了。

染印法的色彩是一种和黑白电影影像美学截然不同的色彩美学，和后来的柯达时代的色彩美学也是不同的。

（一）黑白影像：抽象的美学

在技术上，黑白影像是一种历史的产物。但是，黑白影像具有一种特殊的视觉魅力，至今已经成为一种特定的影像语言。在电影影像历史上，黑白影像组成了世界电影史的半个多世纪。在真正的彩色电影成为主流之前，电影理论都是建立在黑白影像的基础之上的。胡戈·明斯特贝格的电影心理学、鲁道夫·阿恩海姆的电影完形心理学理论、俄国形式主义电影理论等，基本上都是针对黑白影像而论的。在电影影像领域，出现了卡努多的"上镜头性"理论，维克托·舍斯特伦的"鬼魂照相"理论，卡尔·特奥多尔·德赖尔的"神秘摄影"影像风格，格奥尔格·W. 帕布斯特（Georg W. Pabst）的"表现主义摄影"，等等。

如前所述，早期的电影摄影采用的底片是正色片，直到1926年全色片出现，电影摄影才逐渐改用全色片。参考贝尔纳·米勒的划分，正色片的特性可以归纳为单色性、正色性和显微性。

其中，单色性是指正色片会将各种不同的色彩统一呈现为黑白两色，并且只对光线的亮度有反应；正色性是指正色片只对两端的光谱感光，对中间光谱不感光，也就是我们常说的只对蓝色光谱感光，对红色光谱不感光。虽然黑白影像仍然具有灰色的层次变化，但是由于感光特性，正色片对影像细节的表现还是稍逊一筹。所以，在电影的早期阶段，一些电影流派，比如德国表现主义电影，为了表现人物的心理世界，在电影影像无法细致表现的时候，只好通过不规则的构图、夸张的表演和布景来弥补，其中较为重要手段就是通过影像的明暗对比来表现。

历史地看，早期电影底片的特性不仅是一种技术局限，也是一种影像特征。在尊重技术特性的前提下，摄影师必须采用相应的技术手段拍摄。电影史上的众多电影作品，无论在艺术整体上，还是在影像上，都有很高的水平。具体来说，早期的技术条件要求摄影师必须采用适合的摄影技巧，以及恰当地改变人物和场景的颜色。首先，因需要采用足够的强光照明，正午前后的充足日光和明亮的弧光灯就成为常用的光源，由此形成黑白影像明暗对比强烈的影像特征。同时，由于使用了明亮的弧光灯，人物周围形成"暗圈" [14]47，即人物是亮的，周围是暗的，好像把人物罩在一个突兀的圆形光区之内，形成一种神秘的表现主义影像特征。这种"暗圈"在德国表现主义电影中尤其多见，比如《卡里加里博士的小屋》。

由于早期黑白底片不能如实记录场景中的色彩，只能形成黑白影像，呈现一种缺少细节的版画式的影像特征。所以，在电影黑白影像阶段，能够拍摄出影像细节，尤其是明星面部细节的摄影师往往备受推崇。华裔黑白影像大师黄宗霑曾经以能够拍出女演员的蓝色美眸而备受称赞，因为蓝色在正色片中通常呈现为恼人的灰白色。

电影的黑白影像充满神秘气息，贝尔纳·米勒把那个时代称为"神秘摄影"的年代 [11]63。笔者认为，这种神秘气息恰是由于摄影师创造性地利用了技术的限制，从而使得早期电影影像呈现简单的高对比、夸张的构图结构等特征，这种影像特征给人一种超现实的感觉。

贝尔纳·米勒认为，电影史上的摄影大师群体中，黑白电影的摄影师居多。即使现在的著名摄影师也对这些前辈推崇备至。2003 年，国际电影摄影师协会（the International Cinematographers Guild）推选出了 10 名最具历史影响力的摄影师，比利·比策、黄宗霑和格雷格·托兰当选。

对于黑白影像的视觉魅力，亨利·阿勒康（Henri Alekan）在公开采访时表示，黑白片影像不仅能够产生空间的纵深感，还富有诗意，这是因为黑白影像能把真实世界通过黑白两色对立起来，形成一种戏剧化的效果。黑白影像正像是两个演员，其内在联系则是通过明暗度的从绝对白到绝对黑之间的无穷变化表现出来的。这种黑白影像呈现的信息虽然更少，但是更直接有力 [11]65。

（二）染印法的电影色彩

如前所述，手工上色的早期电影色彩可以说只是为了实现商业招徕，观众能够轻易看出早期电影色彩的粗糙、不自然。染印法技术克服了这种粗糙感，但是它过于精致、过于饱和的色彩使得电影的影像风格进入另一个极端。

虽然染印法的色彩被认为"不是拍出来的，而是染出来的"（not recorded, but dyed），因为染印法使用的技术主要是三条胶片的分光摄影技术。这三条胶片都是35mm的黑白底片，通过分光摄影和后期洗印才形成彩色影像。但是，染印法毕竟呈现了"全色彩"的影像，所以，染印法彩色电影一经出现，在技术、技巧和影像特征上就展现了和黑白电影几乎完全不同的趋向。

染印法技术的色彩美学被贝尔纳·米勒称为"巴洛克式的浮华美学"——把所有色彩都以一种极端的饱和度呈现出来。特艺色公司之后的每个电影研究者都在批评染印法的色彩趣味。但是，特艺色公司明知公众的反对，为什么还要顽固地坚持呢？

染印法技术能够部分地解释染印法的影像特征。众所周知，染印法电影技术有三个过程：分光摄影、浮雕制作、三色染料影像转移。这三个过程对染印法影像的产生起到了至关重要的作用。

1. 分光摄影

分光摄影使用染印法专用的摄影机和三条柯达35mm的黑白底片，其中两条分别对蓝色和红色感光，共同通过一个装有品红滤镜的镜头；第三条胶片通过另一个装有绿色滤镜的镜头。这两个镜头构成90°角，在这两个镜头之间装有一个金色的镜面（后来改成银色的），这个镜面可以让1/3的光线到达装有绿色滤镜的镜头（就是第三条底片），把剩余的光线反射到装有品红滤镜的镜头。可见，分光摄影需要比普通摄影机更多的光线才能完成正常的曝光。

理查德·B.朱厄尔（Richard B. Jewell）认为，分光摄影减少了到达胶片的光线数量，再加上染印法所用底片的感光度很低，所以需要比普通黑白摄影更多的光线。由于染印法电影拍摄现场的光线过于强烈，致使拍摄环境中的温度很高。据报道，《绿野仙踪》的片场温度达到38°C，过于强烈的光线不仅伤害演员的眼睛，也让演员更加口渴 [7]103。

有资料显示，早期染印法底片的感光度经过滤镜和分光之后，大概是ASA5。这个感光度数值在电影摄影史上是很少见的，吕米埃时代的底片感光度都比这个数值高很多。我们在本书的第二章已经知道，1910—1919年间的电影底片的感光度在ASA24左右。

使用三色染印法制作的彩色电影必须使用大功率的弧光灯照明才能取得理想的效果。我们可以从第一部三色染印法故事片《浮华世界》的工作照中看到灯光的使用状况——女演员米丽娅姆·霍普金斯（Miriam Hopkins）被大量光线包围着。也有大量资料说明，拍摄于1951年的歌舞电影《雨中曲》（Singin' in the Rain）就是使用了"500,000千瓦的星团灯"才使得男女主角看上去如此漂亮 [15]。

2. 染印法的洗印过程

除了分光摄影会使染印法电影的影像产生过于明亮饱和的色彩，染印法电影特殊的洗印过程也会对影像色彩产生重要影响。染印法电影的洗印要采用一套色彩滤镜，这个和当时的黑白电影的洗印方式不同，也和后来柯达彩色胶片的洗印程序不同。染印法采用色彩滤镜获得的色彩效果通常可以被接受，尤其是在双色染印法时期，但是三色系统使用混合色素还原剂的时候，效果就不同了。对此，贝尔纳·米勒认为："当拷贝使用混合色素还原剂体系时，多少有些像是'贴'在表层的碘化银乳剂，由于从外部着色而过早失去了稳定性。" [11]66

因此，染印法影片的褪色现象十分严重，贝尔纳·米勒认为染印法电影的色彩大概十几年之后就褪色了。我们现在看到的染印法电影的色彩几乎都不是原来拷贝的色彩，所以，现在看来，很多染印法电影的色彩都很怪异。

染印法技术在洗印阶段还有一个校色的环节。作为一种色彩控制系统，染印法的校色和现代的校色没有什么不同，也是控制影片在洗印过程中的色彩变化，以及从负片到正片的色彩平衡变化。染印法校色的特殊性在于需要在洗印车间密切监控色彩的变化，并且效果不太理想。贝尔纳·米勒认为，染印法拷贝的色彩很难控制，要么过于饱和，影像的色调太硬；要么过于淡化，影像的色调太软；甚至会在同一段落内色调突然发生变化，令技术人员措手不及。

说到这里我们有必要分析一下电影《红色沙漠》（Red Desert，1964）。对染印法过于饱和心存厌恶的研究者，或许会诧异米凯兰杰洛·安东尼奥尼（Michelangelo Antonioni）导演这部电影竟然是采用染印法技术拍摄的。《红色沙漠》的色彩和《浮华世界》的可是大异其趣。电影《红色沙漠》被誉为"第一部真正采用了电影色彩的电影"，它体现了真正的色彩哲学——色彩不是为了表现怡人的风景和华丽的服装，而是用于表现人物的心理变化及其灵魂深处的悸动。

如果深入查阅资料，会发现《红色沙漠》采用的染印法技术确实使用了一种较过去的染印法彩色胶片更为精致的胶片——柯达公司的伊斯门彩色胶片。这种胶片虽然因依旧用染印法洗印设备处理，仍被冠以"特艺色"（即本书中研究的染印法）之称，但它采用的是一种颜色匹配合成的技术，同特艺色公司专用的染印法彩色胶片所采用的光学浮雕片技术完全不同。

（三）染印法技术制约下的影像特征

染印法诞生于对影像和色彩的认识趋于成熟的电影文化中。雷克斯·英格拉姆（Rex Ingram）在《导演电影》一文中写道："立体感是用光与影的巧妙配合而获得的，使我们能够给那色调柔和的特写增加几分立体感。……雕塑告诉我们，颜色是虚妄的。……所以，除极个别情况雕塑和电影着色外，雕塑家和导演都用单色材料工作，都在追求同一效果——一个是立体的，一个在平面上；导演通过计算能造出光学的幻觉，光与影的精心调节能模拟出并不存在的形状。"[16]希区柯克导演的《夺魂索》（1948）采用球面（Spherical）镜头拍摄，是一部染印法三色系统的彩色电影（Technicolor Three-Strip Camera）。对于影片中的色彩利用，希区柯克在和特吕弗对谈时说，他的第一部彩色影片的失误，在于彩色电影中所展现的比黑白片中的多得多，不需要"liners"（逆光）或者背光来区别人物和环境，因为色彩已经把人物分得很清楚了，也不需要这么多的颜色[17]。

对于染印法过于饱和的色彩特征，很多摄影师选择抛开特艺色公司的技术手册，想尽办法降低染印法色彩的饱和度和对比度，比如在《平步青云》（*A Matter of Life and Death*，1946）中用柔和色彩以及在《红磨坊》（*Moulin Rouge*，1952）里降低对比度，形成染印法电影的柔光特点。即使染印法电影中少有的低调影像也呈现一种柔光效果，特别是阴影部分。

在特艺色公司一家独大的时期，曾有两位摄影师——杰克·卡迪夫（Jack Cardiff）和奥斯瓦尔德·莫里斯（Oswald Morris）遭到特艺色公司的公开谴责，因为他们使用染印法时用了太多的烟雾和滤镜使光线变得柔和，比如在歌舞片《红磨坊》里。实际上，这种把色彩应用于人物状态和情绪的做法，在之后的60年代被广泛应用。

《红色沙漠》是采用染印法拍摄的，相较于50年代染印法过于饱和、过于丰富的色彩，此片在照明上采用了很小的对比度。《狂人皮埃罗》（*Pierror Goes Wile*，1965）虽然没采用特艺色公司的染印法（Technicolor），但采用了该公司的特艺宽银幕系统（Techniscope）。相较于美国电影，欧洲电影的色彩大多很柔和，并且在60年代影响了新一代的美国电影。

杰克·卡迪夫解释染印法"都是大量的弧光灯照明，特艺色公司的专断管理，意味着所有的光线必须是平光的。阴影是被特艺色公司拒绝的，每一格光线都是精心测量以符合特艺色公司的要求。"他掌镜的《黑水仙》（*Black Narcissus*，1947）采用玻璃遮罩，把背景涂成黑白再在上面画上彩色。《红菱艳》（*The Red Shoes*，1948）的灯光设备是专门从美国运过来的"布鲁特弧光灯"（Brutes）灯具。

对于染印法摄影给艺术创作带来的种种限制和不便，《红磨坊》的摄影师奥斯瓦尔德·莫里斯回忆了该片如何创造性地使用灯光，即打破了特艺色公司的技术手册，使用了非常强的反射滤镜——这是特艺色公司从来不会使用的——还使用了大量的烟雾，并用逆光拍摄。

第二节　染印法色彩技术的多重语境

一、电影工业环境

正如第一章所述，电影技术的背后是大量烦琐严格的工业规则、细化的产业法规等，涉及工业规范、经济因素、法律法规等不同方面。波德维尔指出，染印法之所以能成功，除了色彩技术上的优势，还有工业环境方面的原因。他认为该技术能够在众多电影色彩技术的竞争中胜出，一是因为它对电影工业的关注，二是它得到电影技术人员的支持；前者体现为对好莱坞工业要求的认可和尊重（下文具体论述），后者体现为对技术研发的重视。

（一）对于技术研发的重视

波德维尔特别指出美国电影电视工程师协会（the Society of Motion Picture and Television Engineers，简写为 SMPTE）对染印法的技术支持——在 20 世纪 30 年代，该协会的主要成员同时兼任特艺色公司的色彩研发工作。他认为，染印法技术在 20 世纪 30 年代已具有一定的商业规模，并且获得了多个学院奖，这标志着染印法色彩技术统治了美国电影主要的色彩技术市场[6]353。有资料显示，特艺色公司名称"Technicolor"中的"Tech"源于麻省理工学院（Massachusetts Institute of Technology），即染印法技术发明人卡尔马斯和科姆斯托克的大学母校，该校也是特艺色公司的技术指导团体之一。

但是，即使在染印法兴盛的 20 世纪 30 年代，染印法技术也没有取代黑白电影。虽然在电影史上，20 世纪 30 年代电影视觉的变化是电影色彩的出现，但是染印法即使在三条胶片技术出现的时候（**20 世纪 30 年代中期**）也没有代替黑白电影的拍摄，九成的电影制作还是采用黑白底片拍摄，理查德·朱维尔认为其中既有美学的原因也有经济的原因[7]89。美学的原因下文再论，此处论述经济的原因。

（二）经济和社会因素的制约

制约染印法市场发展的经济原因是什么？的确，染印法的使用成本大于普通黑白电影。这个成本取决于染印法技术专用的摄影机和特殊的后期系统。理查德·麦特白认为，20 世纪 30 年代制造一台三色染印法电影摄影机需要耗费 3 万美元，价格高于普通的摄影机，并且只租不卖，制作发行拷贝也比黑白的贵很多。三条胶片的拍摄方法，让染印法电影在拍摄时需要更多的光线、三倍的底片和昂贵的染料，成本太高。

据美国媒体《综艺》周刊（*Variety*）的估计，采用染印法拍摄的电影，票房每增加 25％，成本增加 30％。在技术不完备的情况下，由于成本太高，染印法技术的运用还是在小心谨慎中进行。这个现象和现在的立体电影（俗称"3D 电影"）的处境颇为相似。

染印法技术占领电影色彩制作长达 20 年（兴盛时间大约为 1932—1952），但是其色彩技术没有大的变化。在影响电影色彩技术发展的众多因素中，有一个社会因素让人无法忽视，即第二次世界大战。虽然美国的歌舞片在"二战"期间兴盛，需要大量的染印法技术支持，但正由于歌舞片的兴盛使得特艺色公司的研发人员满足于五光十色的旧技术，而战争又迫使他们的"技术研究中断"[6]355。

（三）染印法色彩制作的标准化

作为一家设备供应商，特艺色公司对色彩制作做了严格控制，这种控制的严苛程度在电影史上并不多见，也屡遭非议。笔者认为，这里有经济原因，也有创作因素。波德维尔认为，在 20 世纪 30 年代，由于彩色电影的流行，很多没有经过电影彩色摄影训练的人开始拍摄彩色电影，特艺色公司为了维护自己的品牌形象，开始对染印法技术进行全面的专业控制和质量控制[6]354。随着染印法的大规模使用，染印法技术的色彩制作程序很快进入标准化阶段。

染印法的色彩标准化对电影制作的控制，细化到了电影制作的每一个环节，从专门的镜头、专门的布景到洗印都必须由特艺色公司的技术人员控制，还有一个重要的规定是必须雇用特艺色公司的技术人员担任摄影师［后来叫作"摄影光学工程师"（camera optical engineer）］，还要雇用一个特艺色公司的色彩顾问（color consultant）决定哪些布景、化妆、服装等的颜色能使用，哪些颜色不能使用。每天拍摄之前，胶片片盒必须在特艺色公司的实验室接受检验，每天拍完之后必须送回特艺色公司的实验室保存。在染印法技术盛行时期，名声大噪的摄影师杰克·卡迪夫在《魔法时刻》［伦敦：费伯＆费伯出版社（London: Faber & Faber），1997］一书中描述了特艺色公司的工作人员为了保护公司的设备，恨不得"和设备睡在一起"，只有特艺色公司有经验的摄影光学工程师才能操作摄影机，电影摄影师必须与之紧密合作 [6]354；还有一些摄影师不得不接受的规范，如必须采用测光表测量光线 [6]356。

总之，在色彩研发技术的支持下，染印法得以发展并一度成为彩色电影的代名词，但染印法成本过高、技术控制过于严格的特点也限制了电影摄影的进一步发展。在染印法色彩运用标准化的要求下，染印法技术创作的彩色电影呈现整齐划一的、高饱和度的鲜艳色彩，摄影师的个性很难体现出来。

二、好莱坞的传统因素

（一）好莱坞电影传统

好莱坞电影传统一直在引导染印法的技术走向。这种引导体现在两个方面：一是好莱坞在影像上的传统要求，二是好莱坞强大的制片体系。

1.好莱坞在影像上的传统要求

当染印法创造绚丽影像的时候，好莱坞电影界总在提醒特艺色公司不能"为了使用色彩而使用色彩"。当时，人们已经认识到采用双色减色法的歌舞片是糟糕的电影，因为这种电影所呈现的色彩已经从电影中脱离出来。这从好莱坞电影界对 1935 的《浮华世界》的冷漠态度就可以看出来。

一位好莱坞电影人曾经向染印法技术的发明者之一丹尼尔·科姆斯托克做了如下解释：人，才是故事的中心，而不是花草、公园和服装。人的面部是人的中心，眼睛是面部的中心。如果电影不能在一定距离清晰呈现人物的眼睛，这种拍摄无论如何也是徒劳的 [12]70。同样的，对于染印法耽于颜色而忽视影像细节表现的弊端，一位评论家也在抱怨，指出"当人物撤回到某个距离的时候，观众很难看清他们的表情" [6]355。所以，好莱坞电影界人士都在呼吁特艺色公司转变观念，"只能为了故事而增加（色彩），不能为了（色彩）而增加故事" [18]。

对特艺色公司的不满可以说贯穿了染印法的发展史，即使对用了三色技术的《浮华世界》，很多电影界的业内人士也纷纷抱怨该片过于浓重（overripe）的红色以及人物那仿佛得了猩红热（Scarlatina）的肤色。有趣的是，在无奈的变通之下，特艺色公司不是首先改良自己的技术，而是要求从业者适应染印法技术，比如要求化妆师用蜜丝·佛陀推出的便携式饼状粉底（又称"铁盘粉饼"）给演员化妆，以降低染印法的色彩饱和度 [6]355，并且一再强调摄影师应如何适应染印法技术。

特艺色公司的资深摄影师温顿·霍克在发表于 1942 年的文章中称，染印法技术的摄影机镜头对皮肤特别敏感（the color camera is very discerning of flesh quality）。摄影师一定要注重和化妆部门的配合。他还在此文中说，摄影师需要面对的两个主要问题是布景和化妆的颜色选择——比如拍外景时由于太阳的暴晒，演员的面部颜色发生变化，就需要给演员重新化妆。当演员带着被晒过的面部回到内景拍摄的时候，又面临一个面部颜色的问题 [10]。

在好莱坞电影人的呼吁之下，特艺色公司慢慢认识到人是电影的核心，如前所述，在整个 20 世纪 30 年代，摄影师都在和特艺色公司的顽固做斗争，而特艺色公司也在采取种种办法弥补技术上的不足。

2. 好莱坞强大的制片体系

好莱坞的制片体制也在影响摄影师如何使用染印法技术。在这种体制下，很多染印法电影制片人也在一定程度上引导着染印法的色彩走向。著名制片人戴维·O. 塞尔兹尼克（David O. Selznick）曾经对使用染印法技术时的工作方式十分恼火，认为它破坏了色彩的自然之美，但是他在制作《乱世佳人》的时候，却认为影像过于黑暗（too dark），因而解雇了已经拍摄了一个月的摄影师李·加梅斯［加梅斯拍摄了梅拉妮（Melanie）有孩子之前的大部分影像，但是没有署名］，转而让欧内斯特·哈勒（Ernest Haller）担纲该片的摄影师，同时请特艺色公司的摄影师雷·伦纳汉（Ray Rennahan）协助拍摄[19]。

（二）行业协会

在引导染印法色彩走向的诸多因素中，除了染印法自身的技术因素和好莱坞电影界对色彩的传统要求，美国电影电视工程师协会（SMPTE）的作用也不可忽视。作为一个在业界享有盛誉的专业组织，美国电影电视工程师协会是电影界摄影风格的指引者。如同前面所述，该机构的部分成员本身就是特艺色公司的技术人员。所以，染印法的色彩风格和该学会的趣味有一脉相通之处，波德维尔认为，20 世纪 30 年代的染印法影像基本上是这种标准的低对比度的影像，其原因和该学会的推荐有一定的关系。因为，即使晚至 1957 年，在采用染印法技术的电影几乎已经退出历史舞台的情况下，该学会还在提倡摄影师采用低对比度的光比拍摄（不高于 3:1 的光比）[6]356。染印法高调的影像不仅符合当时好莱坞电影的标准传统，这种柔化的、低对比度的和漫射光线的影像，也体现着美国电影电视工程师协会的影像趣味。

所以，染印法时期的电影影像的特点不仅和染印法技术有关，也和好莱坞的电影传统脱不开关系。特艺色公司从色彩偏好出发，好莱坞电影从制作和市场反应出发，其中还有美国电影电视工程师协会的专业引导，当然还有艺术家的变通融合。这几个因素共同促成了染印法时期的色彩特征。

三、纳塔莉·卡尔马斯：掌控"色彩龙头"的女性

在染印法技术的发展史中，我们无法忽视一位重要的女性，她就是纳塔莉·卡尔马斯（Natalie Kalmus）。如果把染印法色彩看作水的话，可以说纳塔莉·卡尔马斯是掌控染印法色彩水龙头的那个"大人物"。

纳塔莉·卡尔马斯曾经是特艺色公司创始人赫伯特·卡尔马斯的妻子，但是直到 1944 年两人才彻底分开。在 1934 年到 1949 年间，卡尔马斯女士都在特艺色公司担任色彩总监（color supervisor）这一重要职位。

纳塔莉·卡尔马斯是一个备受争议的女人，不过以非议居多。她最初是一名服装模特，后来接受了艺术方面的教育。她的色彩理念的初衷，是为了避免颜色在银幕上出现不合适的表现，但是往往走向另一个极端。在一篇 1936 年发表于《纽约时报》的文章中，作者阐述了纳塔莉·卡尔马斯对色彩的看法（此处引用原文）：

It did seem strange that a color director would have concerned herself, in other respects, with toning down the color effects, instead of striving for the kaleidoscopic riot in which some previous color efforts have resulted.（一个彩色电影的导演不去追求千变万化的色彩，而是主动控制色彩的使用，这真是奇怪。）

卡尔马斯女士如此解释：

You can tell a story with color, you can build character and locale with it. But if you use too much of it, you may just spoil everything.（你可以通过色彩来讲故事，可以通过色彩来表现人物和地点。但是，假如你使用色彩太多，你会把一切搞砸的。）

卡尔马斯女士总结道：过于丰富的颜色是不自然的，不仅让观众的眼睛不舒服，对表现主题思想也是不利的。她建议采用中立的色彩，这样能增加场景中色彩的吸引力。

从以上材料看，纳塔莉·卡尔马斯的色彩观念还是比较现代的，和特艺色公司"万花筒"般的色彩应用的确不同。

然而，吊诡的是，在染印法技术的应用中，纳塔莉·卡尔马斯屡

遭非议，很多制片公司的老板和创作者甚至恨之入骨。大名鼎鼎的制片人戴维·塞尔兹尼克在回忆录中提及《乱世佳人》的制作时，抱怨特艺色公司的人总是用老一套的办法打乱真实的色彩之美，认为杂乱的色彩破坏了色彩的真实。

创作者对纳塔莉·卡尔马斯的批评更加激烈。早年具有舞台剧设计经验的导演文森特·明内利（Vincente Minnelli）在回忆《火树银花》（Meet Me in St. Louis，1944）时抱怨说，他用于舞台剧设计的颜色总是受到很高的评价，但是，他的电影色彩的做法在卡尔马斯女士看来大错特错[20]。导演艾伦·德万（Allan Dwan）虽然从未与纳塔莉·卡尔马斯合作过，但对她的评价却非常直率，甚至用侮辱性的词语表达对她的不满——"Natalie Kalmus was a bitch"（纳塔莉·卡尔马斯是个贱人）[21]。

法国研究者贝尔纳·米勒在评价染印法的时候，除了指出影响它的经济环境、观众需求等因素，还特别提及纳塔莉·卡尔马斯的消极作用。他认为，"这些技术曾受到纳塔莉·卡尔马斯夫人个人趣味的很大影响；她在荣升为色彩总监之后，在好莱坞培养了一大批校色调色的'行家'"。他还曾转述乔治·萨杜尔（Georges Sadoul）的话："有一天人们看到她让人在光天化日之下，把树木和草地涂成生酸模的那种绿色，据说是为了取得更'自然'的色彩。"贝尔纳·米勒接着表示，其实，在自诩什么"更现实主义"之前，先承认染印法的化学颜料只是对现实的一种解释，恐怕更为合适。这样，我们就可以来谈谈所谓自然彩色的"神话"[11]65。

特艺色公司技术对于色彩的观念和做法，在它20年（1932—1952）的发展历程中并不是一以贯之的。中后期的染印法电影和早期的在色彩明亮度和饱和度上已经大不相同。其中，纳塔莉·卡尔马斯的改变无论是否出于自愿，都是为了服从电影影像的整体要求。波德维尔也持有类似观点，他认为，一般来说，卡尔马斯夫人在降低染印法的色彩明亮度和饱和度方面颇有贡献，在一定程度上让染印法早期的艺术化用光和象征性的色彩使用降低，降低了原来色彩的刺激性和容易让观众分心的可能。她还促使染印法放弃使用平面的"糖果盒子"

一样的影像，转而采用更加立体、有深度的影像，通过前景和后景的分离，使画面中的人物呈现立体、真实的视觉效果。整体上，摄影师用染印法拍摄时一般采用更加柔和、平面的光线，只用一点点背光，让颜色从背景中凸显出来就行了，很少使用轮廓光[6]356。

虽然，我们在历史的维度上不应夸大个人的作用，但是在历史的某个阶段，在一定条件下，个人的力量确实能对历史起到"领导者"的作用。在染印法技术占领世界银幕色彩的二十世纪三四十年代里，纳塔莉·卡尔马斯的主观趣味确实影响着染印法电影的影像特征，主导着世界电影的色彩走向。

本章参考文献

[1]　李铭. 彩色电影简史 [M].// 马守清, 姚兆亨, 鲍林岳, 等. 电影技术百年: 纪念世界电影诞生一百周年中国电影九十周年技术文选. 北京: 中国电影出版社, 1995: 37-44.

[2]　雅格布逊, 阿提杰, 阿克斯福特, 等. 大不列颠摄影教程 [M]. 杨词银, 译. 长春: 吉林摄影出版社, 2002: 372.

[3]　乎勃拉洛夫. 电影中的色彩 [J]. 黎煜, 译. 世界电影, 2002(3): 145-147.

[4]　COOK D. A history of narrative film [M]. New York: W. W. Norton & Company, 1990: 132.

[5]　卫克斯曼. 电影的历史: 第 7 版 [M]. 原学梅, 张明, 杨倩倩, 译. 北京: 人民邮电出版社, 2012: 125.

[6]　BORDWELL D, STAIGER J, THOMSOM K. The classical Hollywood cinema: film style and mode of production to 1960[M]. New York: Columbia University Press, 1985.

[7]　JEWELL R B. The golden age of cinema: Hollywood 1929-1945[M]. New Jersey: Wiley-Blackwell, 2007.

[8]　汤普森, 波德维尔. 世界电影史 [M]. 陈旭光, 何一薇, 译. 北京: 北京大学出版社, 2004: 547.

[9]　FIELDING R. A technological history of motion picture and television[M]. California: University of California Press, 1984: 123.

[10] HOCH W. Technicolor cinematography[J]. Journal of the Society of Motion Picture Engineers, 1942, 39(8):96-108.

[11] 米耶. 技术与美学[J]. 单万里, 尹岩, 刘娄, 译. 当代电影, 1987(2): 61-73.

[12] BASTEN F E. Glorious technicolor:the movies' magic rainbow[M]. Westport, CT:Easton Studio Press. 2005.

[13] 谢连科夫. 简论摄影艺术[M]. 罗宏纶, 译// 罗晓风. 电影摄影创作问题. 北京：中国电影出版社, 1990: 115-130.

[14] 曾念平. 论摄影物质材料的美学功能[M]// 崔君衍, 张会军, 王秀. 北京电影学院硕士学位论文集. 北京：中国电影出版社, 1997: 1-70.

[15] 麦特白. 好莱坞电影：美国电影工业发展史[M]. 吴菁, 何建平, 刘辉, 译. 北京：华夏出版社, 2011:66.

[16] 英格拉姆. 导演电影[M]. 郝一匡, 编译// 郝一匡, 等编译, 好莱坞大师谈艺录. 北京：中国电影出版社, 1998: 41.

[17] NAREMORE J. More than night: film noir in its contexts. California: University of California Press, 1998:189.

[18] HOLDEN L C. Corlor:the new language of the screen[J]. Cinema Arts, 1937 (2): 64.

[19] ADRIAN T. Celebration of Gone with the Wind[M]. New York:Smithmark Publishers, 1990:114.

[20] MINNELLI V. I remember it well[M]. New York: Doubleday, 1974:102.

[21] MORRIS G. Angel in exile:an interview with silent movie pioneer Allan Dwan[J]. Bright Lights Film Journal (BLFJ), 1996(17): 9.

后　记

电影是建立在现代科学技术基础上的艺术，同时，电影技术对电影艺术具有根本性的，并且十分微妙的影响。其中，根本性的影响，在于没有现代的科学技术支撑就没有电影的发明、发展和壮大；微妙的影响，在于电影影像的技术机制始终处在电影银幕的背后，如果我们不去研究，很难发觉技术在这些影像的背后起了什么作用。普通观众可以不对技术机制感兴趣，但电影研究者如若忽视技术机制，就很难获得对电影艺术的全面认识。

从时间范围看，电影影像的技术机制不仅包括电影的现代阶段，还包括电影的早期阶段，甚至包括电影真正诞生之前先驱者们漫长的影像实验阶段。如果我们坚持"技术是电影的基础"这一观念，就很容易理解这样一句话——电影的史前史和电影的历史一样漫长。这句话的意义，在于认识到了电影技术对电影的重要性，因为电影的发明完全是技术一步步进步的结果。这个道理在 1945 年之前的电影技术发展中同样有明确的体现。

从空间范围看，电影影像的技术机制不仅包括欧美电影发达国家的技术革新，还包括世界不同国家和地区对于电影技术的探索和实验。本书因研究的需要，以欧美主要的电影发达国家为目标。

具体到不同的摄影元素，电影技术（除了电影声音技术）主要体现在不同的摄影物质材料中。这些材料的性能始终是摄影师关注的核心内容。摄影物质材料包括感光材料、摄影机及镜头、专业照明灯具等。摄影材料的发展变化不仅受经济因素的影响，也缘于技术之间的相互制约。

笔者无法否认电影艺术是由多种因素共同作用形成的，尤其是电影创作者的艺术创造性对电影风格和流派的产生、发展和流变具有重要的影响；但是，笔者认为任何艺术家的创作都是在一定条件下的创作，这些条件不仅包括历史、文化和美学环境，而且包括他（她）所采用的技术。这些可见或者不可见的条件，是把"想法"转变成"做法"，把头脑中的"影像"转变为实际的"影像"的桥梁和媒介。没有这些桥梁和媒介，再好的构思恐怕也只能是纯粹的想象而已。并且，笔者通过本书分析认为：这些媒介和桥梁并不仅仅是"搬运工"，它们本身就是创作方法；在艺术创作领域，艺术家采用的创作技术本身就是影像风格的一部分。

本书从电影的史前时期开始，循着电影技术的正色片、全色片、染印法彩色技术以及各种专业照明灯具的发展与变化，寻找影响电影影像风格变化的技术因素。同时，这些技术不仅对影像有一定的影响，它们彼此也在相互影响（比如正色片需要弧光灯，弧光灯的直射光影响了硬光影像造型，全色片促进了钨丝灯的发展，染印法和弧光灯的关系，等），并且处于电影产业的互动之中。

从逻辑体系来说，本书的思路是把技术放在电影工业的语境中，研究电影技术在某一个时期是怎样的，它们对影像风格的产生具有什么样的影响，同时通过具体的电影影像实例证明。

艺术创作是一个复杂的精神层面的问题。本书尽力通过技术机制来论述电影影像物质层面的因素。在这个物质和精神层面共同作用的条件下，笔者试图在偶然性中寻找它的另一个侧面，即电影影像的规定性层面。当然，并不能说技术决定了影像，但是，技术因素在电影影像的生成过程中的地位和作用是我们不能忽视的。

本书参考文献

一、工具书

[1] 马守清. 现代影视技术辞典 [M]. 北京：中国电影出版社，1998.

[2] 广播电影电视部电影事业管理局，机械工业部秦皇岛视听机械研究所，顾岳迁. 现代精选英汉影像技术词库 [M]. 北京：中国电影出版社，1997.

[3] 许南明，富澜，崔君衍. 电影艺术词典 [M]. 北京：中国电影出版社，2005.

[4] 孙尚信，凌伟彬. 电影、摄影技术词典 [M]. 上海：上海科学技术出版社，1986.

[5] 夏征农. 辞海 [M]. 上海：上海辞书出版社，1999：300.

[6] HAYWARD S. Cinema studie: the key concepts[M]. New York: Routledge, 2000.

[7] GRANT B K. Schirmer encyclopedia of film[M]. New York: Schirmer Reference/Thomson Gale, 2006.

二、综合性文献及艺术、技术理论专著

[8] 王巧慧. 淮南子的自然哲学思想 [M]. 北京：科学出版社，2009：4.

[9] 范勇，等. 文明通鉴：东方文明经典100篇 [M]. 北京：中国文史出版社，1997：131.

[10] 谢清果. 先秦两汉道家科技思想研究 [M]. 北京：东方出版社出版，2008：78.

[11] 黄仁宇. 黄河青山：黄仁宇回忆录 [M]. 上海：生活·读书·新知三联书店，2007：408-409.

[12] 王汝发，韩文春. 数学·哲学与科学技术发展 [M]. 北京：中国科学技术出版社，2007：141.

[13] 郝书翠. 真伪之际：李约瑟难题的哲学文化学分析 [M]. 济南：山东大学出版社，2010：56.

[14] 宗白华. 宗白华美学与艺术文选 [M]. 郑州：河南文艺出版社，2009.

[15] 欧克肖特. 政治中的理性主义 [M]. 张汝伦，译. 上海：上海译文出版社，2004：11.

[16] 杜夫海纳. 审美经验现象学：上 [M]. 韩树站，译. 北京：文化艺术出版社，1996：116.

[17]　李约瑟中国科学技术史：第 2 卷 [M]．北京：科学出版社，1990：145．

[18]　麦克卢汉．理解媒介：论人的延伸 [M]．何道宽，译．北京：商务印书馆，2000．

[19]　胡潇．守望精神家园：文化现象的哲学叩问 [M]．长沙：湖南大学出版社，2011：194．

[20]　赫德森，努南－莫里希．如何撰写艺术类文章 [M]．潘耀昌，潘锦平，钟鸣，等译．上海：上海人民美术出版社，2004：27-46．

[21]　狄更斯，格瑞菲斯．艺术，怎么一回事？ [M]．汪瑞，译．杭州：浙江大学出版社，2012：169．

[22]　英格拉姆．导演电影 [M]．郝一匡，编译 // 郝一匡，等编译．好莱坞大师谈艺录．北京：中国电影出版社，1998：36-43．

[23]　MINNELLI V. I remember it well[M]. New York: Doubleday, 1974:102.

[24]　曾念平．论摄影物质材料的美学功能 [M] // 崔君衍，张会军，王秀．北京电影学院硕士学位论文集．北京：中国电影出版社，1996：1-70．

[25]　DELKESKAMP-HAYES C. Science, technology, and the art of medicine: European-American dialogues [M]. Berlin: Dordrecht, 1993: 7.

[26]　CRABB G. Universal technological dictionary[M]. London: Baldwin, Craddock and Joy, 1823.

[27]　STRATTON J A, MANNIX L H, GRAY P E. Mind and hand: the birth of MIT[M]. Cambridge: MIT Press, 2005: 182.

[28]　STECKER R. Aesthetics and the philosophy of art: an introduction [M]. 2nd ed. Maryland: Rowman & Littlefield Publishers, 2010:16. David Bordwell, Kristin Thompson. Film Art: An Introduction. McGraw-Hill Education. 2012:161.

三、电影学专著

[29]　邵牧君．电影新思维：颠覆"第七艺术"[M]．北京：中国电影出版社，2005：130．

[30]　邵牧君．西方电影史论 [M]．北京：高等教育出版社，2005．

[31]　邵牧君．西方电影史概论 [M]．北京：中国电影出版社，1982．

[32]　麦特白．好莱坞电影：美国电影工业发展史 [M]．吴菁，何建平，刘辉，译．北京：华夏出版社，2011．

[33]　卡曾斯．电影的故事 [M]．杨松锋，译．北京：新星出版社，2006．

[34] 郑国恩. 电影摄影造型基础 [M]. 北京：中国电影出版社，1992.

[35] 郑国恩，王国伟. 影视摄影技巧与构图 [M]. 北京：科学技术文献出版社，1993.

[36] 郑国恩. 影视摄影艺术赏析 [M]. 北京：中国电影出版社，1994.

[37] 郑国恩，影视摄影构图学 [M]. 北京：中国传媒大学出版社，2002.

[38] 刘永泗. 影视光线艺术 [M]. 北京：北京广播学院出版社，2000.

[39] 梁明，李力. 影视摄影艺术学 [M]. 北京：中国传媒大学出版社，2009.

[40] 张会军. 电影摄影画面创作 [M]. 北京：中国电影出版社，1998.

[41] 穆德远. 故事片电影摄影创作 [M]. 北京：中国电影出版社，2010.

[42] 何清. 电影摄影照明技巧教程：插图修订版 [M]. 北京：北京联合出版公司，2017.

[43] 蔡全永. 电影照明器材与操作：插图修订版 [M]. 北京：北京联合出版公司，2016.

[44] 屠明非. 电影技术艺术互动史：影像真实感探索历程 [M]. 北京：中国电影出版社，2009：1-3.

[45] 张燕菊. 影像变革：欧洲电影摄影 1960-1980 [M]. 北京：中国电影出版社，2012.

[46] 波德维尔，汤普森. 电影艺术：形式与风格：插图第 8 版 [M]. 曾伟祯，译. 北京／西安：世界图书出版公司，2008.

[47] 汤普森，波德维尔. 世界电影史 [M]. 陈旭光，何一薇，译. 北京：北京大学出版社，2004.

[48] 贡布里希. 艺术的故事 [M]. 范景中，译. 杨成凯，校. 南宁：广西美术出版社，2015：12.

[49] 格劳丝，沃德. 影视技艺 [M]. 庄菊池，译. 上海：复旦大学出版社，1998：46.

[50] 巩如梅，张铭. 制造的影像：与十五位电影人对话数字技术 [M]. 北京：中国电影出版社，2010.

[51] 张铭. 感光材料的性能与使用 [M]. 杭州：浙江摄影出版社，2003：1.

[52] 波布克. 电影的元素 [M]. 伍菡卿，译. 北京：中国电影出版社，1986：59.

[53] 梁明，李力. 电影色彩学 [M]. 北京：北京大学出版社，2008.

[54] 谢弗，萨尔瓦多. 光影大师：与当代杰出摄影师对话 [M]. 郭珍弟，邱显忠，陈慧宜，译. 桂林：广西师范大学出版社，2003：297.

[55] 张同道. 电影眼看世界 [M]. 北京：中国广播电视出版社，2016：4.

[56] 布列依特布尔格. 高尔基与电影艺术 [M]. 胡英远，等译 // 瓦依斯菲尔德，维什涅夫斯基，布列依特布尔格，等. 高尔基和电影. 北京：艺术出版社，1956：61-79.

[57] 王少明. 电影技术标准化历程 [M] // 马守清，姚兆亨，鲍林岳，等. 电影技术百年：纪念世界电影诞生一百周年中国电影九十周年技术文选. 北京：中国电影出版社，1995：57-68.

[58] 李念芦，李铭，王春水，等. 影视技术概论 [M]. 劳祥源，绘. 修订版. 北京：中国电影出版社，2006：22.

[59] 索托. 电影摄影机技术 [M]. 赵超群，译. 北京：中国电影出版社，1982：73.

[60] 卡温. 解读电影：上 [M]. 李显立，译. 桂林：广西师范大学出版社，2003.

[61] 图莱. 电影：世纪的发明 [M]，徐波，曹德明，译. 上海：上海译文出版社，2006：145-146.

[62] 布洛克. 以眼说话：影像视觉原理及应用：插图第2版 [M]. 汪戈岚，译. 北京：世界图书北京出版公司，2012：114.

[63] 雅格布逊，阿提杰，阿克斯福特，等. 大不列颠摄影教程 [M]. 杨词银，译. 长春：吉林摄影出版社，2002：372.

[64] 郑亚玲，胡滨. 外国电影史 [M]. 北京：中国广播电视出版社，1995.

[65] 萨缪尔森. 电影摄影技术 [M]. 马丰田，李铭，译. 北京：中国电影出版社，1982.

[66] 戈尔陀夫斯基. 电影技术导论 [M]. 马萨，译. 北京：中国电影出版社，1959.

[67] 程步高. 影坛忆旧 [M]. 北京：中国电影出版社，1983.

[68] 亚当斯. A·亚当斯论摄影 [M]. 谢汉俊，译. 北京：中国摄影出版社，1987.

[69] 周化忠，赵志久. 电影电视布光艺术 [M]. 北京：中国电影出版社，1989.

[70] 戈尔陀夫斯基. 彩色电影 [M]. 崔永泉，译. 北京：中国电影出版社，1962.

[71] 沈嵩生. 电影论文选 [M]. 北京：文化艺术出版社，1989.

[72] 罗晓风. 电影摄影创作问题 [M]. 北京：中国电影出版社，1990.

[73] 刘戈三，王春水. 理论支撑未来：电影工艺相关理论与科技研究 [M]. 北京：中国电影出版社，2007.

[74] 北京电影学院摄影技术教研组. 感光胶片的原理与应用 [M]. 北京：中国电影出版社，1989.

[75] 卫克斯曼. 电影的历史：第7版 [M]. 原学梅，张明，杨倩倩，译. 北京：人民邮电出版社，2012.

[76] 李铭. 彩色电影简史 [M]// 马守清, 姚兆亨, 鲍林岳, 等. 电影技术百年: 纪念世界电影诞生一百周年中国电影九十周年技术文选. 北京: 中国电影出版社, 1995: 37-44.

[77] 萨杜尔. 世界电影史: 第 2 版 [M]. 徐昭, 胡承伟, 译. 北京: 中国电影出版社, 1995.

[78] 萨杜尔. 法国电影 1890—1962[M]. 徐昭, 译. 北京: 中国电影出版社, 1987.

[79] 萨杜尔. 电影通史: 第 1 卷 电影的发明 [M]. 忠培, 译. 北京: 中国电影出版社, 1983.

[80] 萨杜尔. 电影通史: 第 2 卷 电影先驱者时期1897—1909[M]. 唐祖培, 等译. 北京: 中国电影出版社, 1959.

[81] 萨杜尔. 电影通史: 第 3 卷 电影成为一种艺术上战前时期 1909—1914[M]. 徐昭, 吴玉麟, 译. 北京: 中国电影出版社, 1982.

[82] 萨杜尔. 电影通史: 第 3 卷 电影成为一种艺术下第一次世界大战时期 1914—1920[M]. 文华, 吴玉麟, 胡望, 等译. 徐昭, 校. 北京: 中国电影出版社, 1982.

[83] 萨杜尔. 电影通史: 第 6 卷 当代电影 第二次世界大战时期的电影 (1939—1945 年) [M]. 徐昭, 何振淦, 译. 北京: 中国电影出版社. 1958.

[84] 格雷戈尔. 世界电影史 1960 年以来 第 3 卷: 上 [M]. 郑再新, 译. 北京: 中国电影出版社, 1987.

[85] 格雷戈尔. 世界电影史 1960 年以来 第 3 卷: 下 [M]. 郑再新, 译. 北京: 中国电影出版社, 1987.

[86] 穆德远, 梁丽华. 数字时代的电影摄影 [M]. 北京: 世界图书出版公司北京公司, 2011.

[87] 刘戈三, 王春水. 技术成就梦想: 现代电影制作工艺探讨与实践 [M]. 北京: 中国电影出版社, 2007.

[88] 巴赞. 电影是什么? [M]. 崔君衍, 译. 北京: 中国电影出版社, 1987.

[89] 波德维尔. 电影诗学 [M]. 张锦, 译. 桂林: 广西师范大学出版社, 2010.

[90] 伯奇. 电影实践理论 [M]. 周传基, 译. 北京: 中国电影出版社, 1992.

[91] 莫纳科. 怎样看电影 [M]. 刘安义, 陶古斯, 李棣兰, 译. 上海: 上海文艺出版社, 1990.

[92] 阿曼卓斯. 摄影师手记 [M]. 谭智华, 译. 台北: 远流出版事业公司, 1990: 160.

[93] LENNIG A. Stroheim[M]. Lexington Kentucky:The University Press of Kentucky, 2000.

[94] MONACO J. How to read a film: movies, media, and beyond[M]. New York: Oxford University Press, 2009.

[95] KOSZARSKI R. The man you loved to hate: Erich von Stroheim and Hollywood[M]. Oxford: Oxford University Press, 1983.

[96] MCKIM K. Cinema as weather:stylistic screens and atmospheric change [M]. London/Oxford: Routledge, 2013:168.

[97] JEWELL R B. The golden age of cinema:Hollywood 1929-1945[M]. New Jersey: Wiley-Blackwell, 2007.

[98] BORDWELL D, STAIGER J, THOMSON K. The classical Hollywood cinema: film style and mode of production to 1960[M]. New York:Columbia University Press, 1985.

[99] ALTON J. Painting with light[M]. Berkeley:University of California Press, 1995.

[100] FIELDING R. A. technological history of motion picture and television [M]. California: University of California Press, 1984.

[101] SALT B. Film style and technology:history and analysis[M]. 3rd ed. London: Starword, 2009.

[102] BLAKER A A. Photography:art and technique[M]. San Francisco:W. H. Freeman&Company, 1980:4.

[103] GAUDREAUL T A, DULAC N, HIDALGO S. A companion to early cinema[M]. New Jersey:Wiley-Blackwell, 2012:129.

[104] LACEY N. Introduction to film[M]. New York: Palgrave Macmillan, 2005.

[105] KOSZARSKI R. An evening's entertainment:the age of the silent feature picture, 1915-1928[M]. California: University of California Press, 1994.

[106] LEITCH M. Making pictures:a century of European cinematography[M]. New York:Harry N. Abrams, 2003.

[107] ZAJONC A. Catching the light:the entwined history of light and mind[M]. New York:Oxford University Press, USA, 1995:230.

[108] MISEK R. Chromatic cinema: a history of screen color[M]. Wiley-Blackwell, 2010.

[109] COOK D. A history of narrative film [M]. New York:W. W. Norton & Company, 1990:132.

[110] ABEL R. Encyclopedia of early cinema[M]. London/New York: Routledge, 2010.

[111] BROWN S,STREET S,WATKINS L.Color and the moving image:history, theory, aesthetics, archive[M].London/New York:Routledge, 2012.

[112] BROWN K.Adventures with Griffith[M].New York:Farrar Straus and Giroux, 1973:124.

[113] RAIMONDO-SOUTO H M,Motion picture photography:a history, 1891-1960[M].Jefferson, NC: McFarland, 2007:133.

[114] STERNBERG J.Fun in a chinese laundry[M].London: Mercury House, 1965:187.

[115] PERRY T.Masterpieces of modernist cinema[M].Bloomington:Indiana University Press, 2006: 57.

[116] WILLIAM P.What is film noir?[M].Lewisburg:Bucknell University Press, 2011:60.

[117] NAREMORE J. More than night: film noir in its contexts.California: University of California Press, 1998:189.

五、期刊及论文

[118] 鲍林岳.电影技术在电影发展历程中的重要作用[J].影视技术, 2004(7): 3-6.

[119] 袁佳平.电影照明灯具发展与摄影用光的互动[J].电影艺术, 2010(4): 141-149.

[120] 米耶.技术与美学[J].单万里, 尹岩, 刘婆, 译.当代电影, 1987(2): 61-73.

[121] 刘永宁.现代电影形式感染力的影像机制研究:经典电影理论范畴"杂耍"新释[D].南京:南京艺术学院, 2011.

[122] 李静.浅谈科学与美学、技术与艺术的关系[J].神州, 2012 (21): 199.

[123] 颜纯钧.重返电影美学:从"宏大理论"退回[J].现代传播(中国传媒大学学报), 2011(11): 53-60.

[124] 周玉洁.论技术与电影艺术[D].成都:四川师范大学, 2007.

[125] 高鑫.技术美学研究:上、下[J].现代传播(中国传媒大学学报), 2011(2): 63-70; 2011(3): 69-75.

[126] 张会军.数字技术、观念、制作的思考[G]// 刘宜勤.中国电影电视技术学会 影视科技论文集.北京:中国电影电视技术学会, 2003: 349-357.

[127] 乎勒拉洛夫.电影中的色彩[J].黎煜, 译.世界电影, 2002(3): 145-147.

[128] 杨皓. 论文字载荷材料对书法艺术特征的影响 [J]. 天水师范学院学报, 2008, 28(4): 104-107.

[129] HOLDEN L C. Corlor:the new language of the screen[J]. Cinema Arts, 1937 (2): 64.

[130] SALT B. A very brief history of cinematography[J]. Sight and Sound, 2009, 19(4):24-25.

[131] BAXTER P. On the history and ideology of film lighting[J]. Screen, 1975, 16(3):83-106.

[132] SAMUELSON D. Strokes of genius[J]. American Cinematographer, 1999, 80(3):166.

[133] BORGMANN A. Technology as a cultural force: for Alena and Griffin [J]. The Canadian Journal of Sociology, 2006, 31(3):351-360.

[134] HOCH W. Technicolor cinematography[J]. Journal of the Sociaty of Motion Picture Engineers, 1942, 39(8):96-108.

[135] MORRIS G. Angel in exile: an interview with silent movie pioneer Allan Dwan[J], Bright Lights Film Journal (BLFJ), 1996(17): 9.

[136] 崔君衍. 现代电影理论信息: 第二部分 [J]. 世界电影, 1985(3): 59-81.

[137] 高礼先. 国产大光孔高纳光本领电影摄影镜头试拍侧记 [J]. 电影技术, 1982(5): 24-25.

[138] SCHATZBERG E. Technik comes to America: changing meanings of technology before 1930[J]. Technology and Culture, 2006, 47(3): 486-512.

[139] BAIN R. Technology and state government[J]. American sociological review, 1937, 2(6):860-874.

[140] 宗白华. 论文艺的空灵与充实 [J]. 文艺月刊, 1941, (5):5-7.

[141] 于音, 舒晓程. 拯救脆弱"老电影"刻不容缓 [N]. 新闻晚报, 2013-07-15(A2叠02/03-文化热点).